THÉORIE

PRATIQUE, FABRICATION

COMMERCE DE LA CHAUSSURE

PAR

ANDRÉ RATOUIS

PRÉCÉDÉS ET ACCOMPAGNÉS

DE LA CONSTITUTION DU TRAVAIL

ET

DU SAVOIR-FAIRE ET LE CAPITAL

REVUS ET CORRIGÉS PAR L'AUTEUR

Cet ouvrage se recommande au lecteur, comme instruction professionnelle, industrielle et commerciale, à l'usage de la cordonnerie moderne.

Prix : 3 francs

S'ADRESSER AU BUREAU DU JOURNAL

LA CORDONNERIE

Le Cordonnier industriel et le Journal de la Cordonnerie réunis

PARIS — 1877

THÉORIE

PRATIQUE, FABRICATION

COMMERCE DE LA CHAUSSURE

PAR

ANDRÉ RATOUIS

PRÉCÉDÉS ET ACCOMPAGNÉS

DE LA CONSTITUTION DU TRAVAIL

ET

DU SAVOIR-FAIRE ET LE CAPITAL

REVUS ET CORRIGÉS PAR L'AUTEUR

Cet ouvrage se recommande au lecteur, comme instruction professionnelle, industrielle et commerciale, à l'usage de la cordonnerie moderne.

Prix : 3 francs

S'ADRESSER AU BUREAU DU JOURNAL

LA CORDONNERIE

Le Cordonnier industriel et le Journal de la Cordonnerie réunis

PARIS — 1877

PRÉFACE

Le but que nous voulons atteindre ici, c'est de bien renseigner.

Sans avoir fait aucun apprentisage manuel dans l'industrie de la cordonnerie, l'on pourra désormais se livrer à la confection de la chaussure en gros.

C'est spécialement à là cordonnerie fabricante et commerciale, que cet ouvrage est dédié.

Tous les prix de revient, tous les chiffres (achats et ventes), les différentes combinaisons capables d'éclairer les spéculations et les spéculateurs, sont insérées dans cet ouvrage. C'est un guide où la fabrication, les fabricants, commerçants et manufacturiers, y verront discuter avec soins et recherches, ce qui les intéresse.

Souvent, nous emploierons les contradictions, comme moyen, pour établir et prouver surabondamment la véracité de nos démonstrations.

Toutefois, nous avons cru devoir faire précéder cet ouvrage des deux brochures désignées au titre, et publiées antérieurement, afin que nos lecteurs puissent nous suivre plus facilement dans l'ordre des idées, qu'à diverses époques nous avons émises, en ce qui touche *l'organisation du travail et l'économie dans la fabrication.*

Nous marcherons donc avec confiance dans la voie que nous nous sommes tracée, heureux si nos modestes efforts reçoivent de la corporation, un accueil bienveillant et favorable.

Paris, *le* 20 *Janvier* 1866.

ANDRÉ **RATOUIS.**

Paris, 15 mai 1848.

LA CONSTITUTION DU TRAVAIL

PAR ANDRÉ RATOUIS,

OUVRIER CORDONNIER

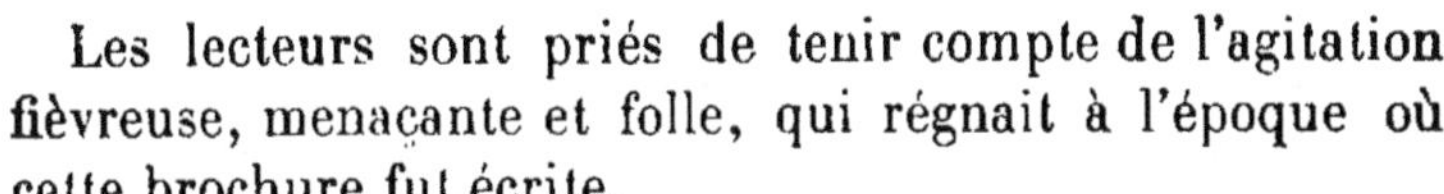

Les lecteurs sont priés de tenir compte de l'agitation fiévreuse, menaçante et folle, qui régnait à l'époque où cette brochure fut écrite.

Oui, sur chaque place, à chaque coin de rue, à chaque borne, jeune et vieux, idiots et intelligents, prolétaires et propriétaires, gens de tous sexes, de toutes natures et de toutes conditions discourent, à tort et à travers, les graves questions d'économie politique et sociale, et l'ordre du jour préféré, était invariablement, la rétribution du salaire, et le droit de propriété.

Communistes, Barbistes, Prudhommistes, *disciples du Luxembourg, partisans de Raspail*, de Lamartine, ou de Ledru-Rollin, chacun tenait et discutait beaucoup plus les *hommes* que les *principes*.

C'est donc sous cette influence, et en opposition aux doctrines égalitaires, prêchées et écrites par l'historien économiste Louis Blanc, et propagées avec ardeur par ses adeptes, que nous eumes la hardiesse téméraire d'émettre notre avis en public pour la première fois, et d'opposer à la doctrine du salaire égalitaire, qui déclare :

« A chacun, suivant ses forces. »

« A tous, suivant leurs besoins. »

Celle-ci que nous préférons et que nous professons, et qui a pour base :

« A chacun, selon son mérite et son travail. »

« A tous, le nécessaire. »

INTRODUCTION.

Les événements se succèdent et depuis le jour où le trône du roi Louis-Philippe fut brûlé par le peuple vainqueur et encore en armes, sur le soubassement de la glorieuse colonne de Juillet, élevée sur l'emplacement même de la trop célèbre prison de la Bastille, il a dû se produire sur nos intelligences un développement politique et social : mais les événements ont marché vite, bien vite, et, je crains que nos intelligences ne marchent doucement, trop doucement !

Quel est donc celui qui ne désire voir la fin de cette mauvaise organisation de l'*exploitation* de l'homme par l'homme ?

Quel est donc *le salarié* qui n'est prêt à déclarer que sa position sociale n'est pas tenable ?

Quel est donc l'ami de l'ordre ou le soldat-citoyen du *désordre* qui contesterait que depuis la grande Révolution de 1789 l'état de choses existant ne nous ait mis le lendemain d'une *révolution*, à la veille d'une nouvelle : c'est de l'histoire !....

La république démocratique est proclamée, et tous les hommes intelligents, sages et modérés conviennent et reconnaissent que c'est le seul gouvernement qui puisse nous ralier tous ; il faut donc le soutenir ! le maintenir et le défendre !

N'hésitons donc point à aborder la *question du salaire* et soyons décidés à ne quitter la discution qu'elle ne soit résolue ; car c'est elle, c'est la *question du salaire*, autrement dire *l'organisation du travail* qui porte de lui-même la *paix* et le *progrés*.

Il est donc impossible de reculer et ne pas tenter des efforts suprêmes pour abolir les faux principes, de quelque part qu'ils viennent *(en delà ou en deçà)* car les faux principes creusent pour tous un abîme profond.

Le travail dit-on est désorganisé, c'est une raison pour nous mettre à l'œuvre à le réorganiser ; mais le réorganiser sur des bases fortes et durables ; le travail devant être lucratif et conservateur de tous les intérêts.

Pour cela, cherchons, étudions, peut-être trouverons-nous la possibilité de résoudre les difficultés, si nous acceptions comme base d'opération l'association des travailleurs, du *capital* et du *travail*.

Quant à nous, nous déclarons sincèrement reconnaître dans cette combinaison le moyen le plus efficace pour fermer l'*ère des révolutions*, et du *paupérisme* ; nous ne voyons à retrancher dans cette nouvelle *Société industrielle* que la part illicite que prélevait l'*égoïsme* et la *cupidité*.

Toute question sociale qui tendrait directement ou par un biais quelconque à amoindrir les prérogatives de la propriété légitimement acquise, n'aura point notre assentiment, et nous trouvera toujours prêt à la combattre énergiquement : mais aussi, nous n'entendons point reconnaître comme propriété légitime, certains intérêts scandaleux qu'obtiennent de leurs capitaux (par *ruse* et par *fraude*) des capitalistes (industriels-usuriers), ce sont les bénéfices de ces gens-là qu'il faut supprimer au bénéfice des travailleurs associés.

Projet de constitution et règlement de travail.

*(Il reste bien entendu que l'on ne doit
accorder à ce projet aucun crédit positif si ce n'est à titre de
comparaison et d'étude.)*

Art. 1er.

En principe, l'État devra aux associations générales dans chaque industrie *en tout, pour tout, et partout, aide et protection.*

Art. 2.

A cet effet, l'État devra par un décret, surveiller, et au besoin supprimer et défendre les sociétés financières montées par actions, ayant pour but de réunir un chiffre énorme de capital, et pour résultat, l'exploitation des travailleurs, par ce moyen, doubler, tripler, quadrupler,etc., etc., le capital au détriment des salaires.

Remarque — Le capital associé a enlevé, soit par le moyen de l'exploitation et la concurrence, tous les bénéfices du travail manuel ; eh bien ! en associant le travail vous verrez celui-ci reprendre promptement ses bénéfices, ne laissant plus au capital que ses propres et légitimes intérêts, *cinq pour cent.*

N'est-il pas reconnu que le rapport du travail est primordial, et que le capital n'étant qu'un aide indispensable, mais cependant tout à fait secondaire, ne doit pas conséquemment prélever des bénéfices égaux au travail actif.

Celui qui travaille doit jouir des bénéfices.

Celui qui ne travaille point ne doit prélever que l'intérêt de son capital soit *cinq pour cent*; et à titre de prime, une part limitée et consentie dans les bénéfices obtenus par le travail.

Art. 3.

L'État se portera caution des opérations contractées par les associations ; cette caution cessera le jour où les associations seront assez riches pour donner caution elles-mêmes. L'intervention de l'État cesserait, et lui-même déclarerait sa neutralité, du moment où les associations ouvrières pourront prouver qu'elles possèdent les ressources suffisantes pour marcher seules et sans tutelle.

Art. 4.

Les capitalistes ne trouvant plus d'issue pour le placement de leurs capitaux, seraient amenés à placer leurs fonds dans les diverses associations agricoles, industrielles et artistiques, où ils recevraient l'intérêt légal (cinq pour cent, plus une prime dans les bénéfices).

Lesdits capitaux placés dans les associations, prendraient hypothèque sur le matériel des ateliers, et recevraient la garantie de l'État.

Art. 5.

Le trésor public, l'État, ferait les avances des fonds nécessaires pour établir et faciliter sur les plus larges bases les opérations des sociétaires-ouvriers-associés. Lesdits fonds porteraient intérêts, payés par la caisse des sociétés. Les sommes avancées seraient remboursables annuellement.

Art. 6.

Pour s'approprier leur matériel, et garantir elles-mêmes les opérations commerciales, il serait établi, dès le commencement des associations, une retenue sur le prix du salaire de chaque associé.

Art. 7.

Chaque associé serait porteur d'un livret ; sur ce livret on inscrirait le chiffre de la retenue qui lui serait faite sur chaque paie.

Cette retenue serait obligatoire au minimum de cinq pour cent sur le prix de chaque paie, laissant à chaque associé la faculté de l'augmenter.

Le capital des retenues porterait le même intérêt que le capital des prêteurs.

Les associés qui par cause de maladie, naturelle ou accidentelle, ainsi que les vieillards et les apprentis qui se trouveraient dans un cas quelconque de nécessité, recevraient des secours a titre de droit, c'est l'intérêt du capital des retenues qui en fournirait les ressources ordinaires.

Art. 8.

Un particulier ne possédant qu'une faible aisance et voulant et pouvant encore travailler, serait reçu dans l'association comme tout autre travailleur ; seulement il serait obligé de placer ses capitaux dans la caisse sociale, il en recevrait indépendamment du prix de son travail, les mêmes intérêts que les autres prêteurs.

Art. 9.

Les ouvriers ou patrons voulant entrer dans une association comme associés, et qui possèdent un matériel-industriel, tel que : *outils, machines, marchandises*, etc., etc., le livreraient à la société, qui après l'estimation qui en serait faite, leur en tiendrait compte soit en les remboursant, ou en leur servant l'intérêt de la somme reconnue (cinq pour cent).

ART. 10.

Les heures de travail qui devront former la journée seront fixées ultérieurement.

Chaque travailleur serait libre de travailler le temps qu'il lui plairait, ne travaillant pas, n'étant point rétribué; cependant s'il était reconnu qu'un associé, soit mauvais vouloir, ou parti pris, entraverait par négligence, paresse ou débauche, la marche des travaux de l'association, le délinquant devrait subir, d'abord, la réprimande du *conseil de famille*, et dans le cas de récidive son jugement !

Toutefois, chaque association aurait son règlement particulier et en harmonie avec les exigences et conditions que réclameraient son industrie, son commerce et ses habitudes.

ART. 11.

Chaque industrie formerait une association générale particulière.

ART. 12.

Comme principe de *solidarité commerciale*, et pour éviter la *faillite*, la solidarité sera établie entre toutes les associations générales, cette responsabilité sera reconnue et valable, toutes les fois que ni la négligence, ni la fraude n'auront amené la ruine de l'une d'elles. Dans ce dernier cas, les tribunaux ordinaires jugeront.

ART. 13.

D'après le revenu bénéficiaire, établi chaque année par inventaire, chaque association générale verserait une somme de cinq pour cent, à la caisse centrale. La somme produite par ces versements servirait à assurer la solidarité. Cette solidarité s'étendrait à toutes les associations reconnues par l'État et annexées aux associations générales qui seraient établies dans chaque industrie.

ART. 14.

La rétribution des salaires prendra pour base le *minimum*; le travail doit faire vivre le travailleur !...

Mais l'on n'admettra point de *maximum*, d'autant que l'on ne peut établir des limites au savoir, au courage et aux talents.

(L'intelligence est un don naturel, il faut en respecter les priviléges).

Art. 15.

En principes généraux la journée de travail serait de dix heures, et le prix en serait fixé au minimum de *quatre* francs : cette rétribution de 4 francs minimum du salaire, serait payée aux ouvriers associés les moins capables, et les moins vigilants, sans cesser d'être laborieux.

Art. 16.

Les prix des salaires seront progessifs et en rapport avec les difficultés du travail, et les quantités produites.

L'on ne prendra point pour bases le minimum des salaires pour régler les ouvriers les plus habiles et les plus savants.

Chaque association dans son règlement particulier statuera à cet égard.

Art. 17.

Dans chaque association, la récapitulation des recettes, des dépenses, des commandes, des livraisons, etc., etc., serait réglée suivant les besoins et habitudes commerciales de son industrie. Mais en principe, cette mesure serait exigible tous les six mois, et son rapport serait signé par tous les membres du *conseil de famille*.

Art. 18.

Les membres du *conseil de famille* seront pris parmi les associés, et désigné par le *scrutin* à la majorité des votants. Le président du conseil remplira les fonctions de gérant responsable au nom de la société. Le conseil de famille sera composé de dix membres, et renouvelé chaque année. Les membres sortant seront rééligibles. Le président du conseil sera nommé par le conseil de famille, et sera pris en dehors du conseil parmi tous les associés, il sera toujours rééligible.

Art. 19.

Les conducteurs de travaux, contre-maîtres, chefs d'ateliers caissiers, secrétaires, etc., seront nommés par le gérant et choisis parmi les associés.

ART. 20.

Pour établir dans de certaines limites, l'égalité des droits et des devoirs dans le travail, les employés supérieurs soit à l'administration ou dans les ateliers, recevront les mêmes salaires que les autres associés leurs collègues; seulement leur rémunération sera statuée sur le gain des plus capables. Les employés subalternes toucheront le minimum.

ARTI. 21.

Dans toutes espèces d'entreprises, achats et ventes, l'association générale est la garantie ; aucun associé n'est plus responsable l'un que l'autre; la responsabilité de la gérance entraîne celle de la société.

ARTI. 22.

La liberté devant être à l'abri de toute atteinte, les associations respecteront les établissements particuliers, et les considéreront comme leurs concurrents.

ART. 23.

Pour que la concurrence puisse s'établir de part et d'autre, avec les mêmes forces et les mêmes moyens, l'État devra veiller à ce que les travailleurs occupés dans les établissements particuliers reçoivent un salaire égal à celui que procurent les associations. En somme, surveiller la fraude et les coalitions coupables, qui chercheraient à paralyser les efforts des ouvriers associés ; ces conditions étant respectées, les associations industrielles et commerciales pourront, dès leurs débuts, entrer en concurrence avec la vieille organisation du travail et, de même qu'elles, ne redouteront aucunement la *concurrence étrangère.*

ART. 24.

Pour tenir compte des habitudes industrielles depuis longtemps contractées, et pour ne pas priver une certaine classe de citoyens des bénéfices de l'association, l'on avisera à trouver le moyen de pouvoir distribuer des travaux à domicile, et cela sans porter préjudice aux associés ni aux associations.

Art. 25.

A cet effet, l'on établira les prix des ouvrages *façonnés* et confectionnés en dehors de l'atelier-social en rapports égaux au prix de la journée.

L'association ne donnera des travaux qu'à ses associés.

Tout particulier, sans exception, pourra entrer dans les diverses associations; la moralité et le savoir individuel seront appréciés et jugés à l'œuvre.

Art. 26.

Pour établir le tarif des salaires, soit du travail à l'heure, à la journée, ou façonné, on réunira tous les associés dans une assemblée générale; cette mesure sera prise particulièrement pour chaque industrie.

Art. 27.

Le jugement se prononcerait sur cet EXEMPLE :

Un travailleur, désigné comme étant d'une habileté supérieure, produit en moyenne, en *huit heures de travail assidu et continu*, telle quantité ou telles pièces d'ouvrage façonné; un autre travailleur, reconnu d'une habileté inférieure, produit dans douze heures de travail (mêmes assiduité et continuité), la même quantité de la même pièce. Les associés assemblés, dans leurs appréciations et impartialité, doivent arrêter la rémunération sur le produit de la moyenne, soit *dix heures de travail.*

Art. 28.

Dix heures de travail étant définitivement arrêtées comme journée de travail, la rétribution du salaire au minimum étant fixée à quatre francs, le façonneur associé recevrait donc *quatre francs* pour une pièce d'ouvrage qui prendrait, d'après le jugement d'expertise du *Conseil de famille*, le même laps de temps (10 heures de travail). L'on statuera toujours sur cet EXEMPLE pour arrêter les prix qui seront alloués au façonneur, soit qu'ils travaillent à l'intérieur ou à l'extérieur des ateliers.

Art. 29.

Lorsqu'il serait reconnu et prouvé qu'un associé s'occuperait de travaux en dehors de l'association, il subirait la réprimande, et serait privé de sa part du bénéfice obtenu dans les derniers six mois. En cas de récidive, le *Conseil de famille* aurait à statuer sur le délit.

Art. 30.

Pour que les associations soient, autant que possible, à l'abri du chômage, l'État leur devra l'appui de sa puissance pour leur faciliter l'écoulement des produits divers, soit en protégeant et facilitant les transports maritimes, qui emporteront nos marchandises sur tous les marchés et dans tous les pays ; soit encore en établissant, sous sa protection, des comptoirs dans les différentes contrées du monde où le débit des articles de la *fabrication française* sont susceptibles d'un écoulement prompt et avantageux.

Art. 31.

L'état prendra les mesures et dispositions nécessaires pour faire *disparaître*, ou pour le moins faire *baisser* considérablement les tarifs de douanes, et autres qui pèsent sur un nombre relativement important d'articles d'exportation.

Cette mesure est urgente, si l'on considère que cette imposition sur nos produits d'exportation est jusqu'ici entièrement prélevée au bénéfice de nationalités rivales et étrangères.

Art. 32.

Quatre francs, minimum du salaire pour un travail d'une journée, ne seront accordés que dans les villes ou les vivres et choses indispensables à l'existence atteignent les prix les plus élevés ; en tout lieu où résideront des associations-succursales, le prix de la journée se basera toujours sur le minimun, mais on prendra en considération les positions locales.

Art. 33.

Des communications fréquentes seront établies entre les associations d'une même industrie ; aucune modification quelconque ne pourra être faite aux statuts et règlements sans l'assentiment de tous les membres-sociétaires-associés.

Toute provocation, à *modifier* et *réformer*, devra être faite par le Gérant, ou le *conseil de famille* ; eux seulement jouiront de cette prérogative.

Art. 34.

Lorsque les associations d'une même localité, et de la même industrie auront passé leur compte et opération particulière , le caissier, le secrétaire-comptable, assistés d'un délégué, se réuniront à leurs collègues et formeront, des bénéfices nets obtenus dans chaque association, un seul total.

Art. 35.

Avant que de se séparer, les caissiers, secrétaires et délégués réunis en commission centrale des comptes, rédigeront un rapport, où seront mentionnées toutes les opérations de la Société ; ce travail sera imprimé, et distribué à tous les associés et ayant droit. La même opération sera faite tous les six mois.

Art. 36.

Les associations-succursales dont le siége sera établi dans les départements devront fournir le résultat de leurs opérations à la première réquisition que leur adressera le *conseil de famille.*

Art. 37.

Les bénéfices étant bien établis, le chiffre total appartenant à chaque association-succursale serait reconnu par le *gérant* et le *conseil de famille*, qui donnerait des ordres à la caisse centrale, chargée spécialement d'opérer la répartition ; et d'en faire parvenir le montant de la somme à chaque association-succursale.

Art. 38.

Le gérant et le conseil de famille des associations-succursales ayant reçu la déclaration authentique du montant des bénéfices qui leur revient ; répartiront à chacun de leur co-associés, la part qui leur sera dûe.

Art. 39.

Tous les six mois le *secrétaire-comptable* de chacune des associations, dressera un rapport qui contiendra le détail exact des opérations générales, et qui mentionnera la position exacte de la société avec ses débiteurs, ses créanciers, ses fournisseurs, ses clients, l'inventaire du matériel et des marchandises le tout estimé et passé par *profits et pertes* à *actif* et *pa·sif*. Ce rapport portera les signatures du *conseil de famille* et de son *président-gérant*. Ladite pièce restera aux archives. Les associés, pourront consulter et vérifier les pièces enregistrées et déposées aux archives de l'administration, au siége central de l'association générale.

Art. 40.

Chaque année la commission centrale des associations adressera une circulaire, dans laquelle les associations succursales pourront reconnaître la position exacte de leur industrie. Le progrès administratif, professionnel, commercial, industriel et financier qui aura été obtenu dans l'année, y sera clairement établi.

Art. 41.

La *commission centrale administrative* se composera des gérants d'association et d'un délégué désigné par le vote des associés ; la commission centrale se réunira tous les ans, et siégera dans les villes principales chacune à leur tour.

Chaque industrie aura sa commission centrale administrative.

Les commissions centrales administratives de toutes les industries, se réuniront tous les CINQ ANS, pour en constater les progrès accomplis par notre industrie nationale, et y délibérer, s'il y a lieu, sur les moyens à mettre en exécution pour rapprocher de plus en plus les relations d'industrie à industrie, et faire disparaître les intermédiaires parasites ; et les *petites* et *faibles* utilités.

Art. 42.

Si l'on exige l'égalité dans la répartition des bénéfices d'une association succursale dans les autres, c'est que nous voulons éviter le fait grave qui pourrait surgir. *Exemple :*— Une succursale en réputation, obtient des commandes avantageuses, qui lui donnent de gros bénéfices ; et cette vogue, elle ne la doit souvent qu'au hasard et au caprice du commerce et de la clientèle, si l'on ne prévenait ce résultat possible, mais passager il amènerait peut-être, un démembrement dans l'association, où il établi-rait pour le moins, incontestablement la préférence parmi les associés, et la concurrence des succursales envers l'association centrale.

Art. 43.

Des mesures générales et administratives, seront prises pour que toute espèce de travail de la même industrie puisse s'entre-prendre dans les *succursales*, celles-ci dûssent-elles en transmet-tre la fabrication à l'association CENTRALE.

Art. 44.

Des rapports d'intérêts identiques, l'égalité dans la répartition des bénéfices, la durée de la journée de travail et le salaire étant le même dans toutes les associations, donneront la facilité aux associés, soit pour une cause majeure ou inattendue, de passer d'une *succursale* dans un autre, sans porter aucun préjudice ni à leurs intérêts, ni à l'association.

Toutes les fonctions, administrative, professionnelle, commer-ciale ou autres, etc, devront être remplies avec exactitude et loyauté. L'associé qui après en avoir accepté la responsabilité, n'en remplirait pas les obligations, subirait la *réprimande*, et le jugement du CONSEIL.

Art. 45.

Chaque industrie aura dans ses associations un règlement qui mentionnera les délits, et qui déterminera les cas où les *peines*, *punitions* et *amendes*, devront être appliquées.

Ledit règlement taxera le *minimum* et **maximum** des **peines**, *punitions* et *amendes*.

Art. 46.

Tout associé qui quittera la Société dans le courant de l'année perdra ses droits à la participation des bénéfices ; pour jouir de ses droits, l'associé sortant devra avertir le *conseil de famille* qu'il a l'intention de se retirer, un mois avant l'inventaire.

Art. 47.

L'association centrale et ses succursales ne pourront accepter ou refuser un apprenti, sans en donner connaissance à la commission administrative centrale. Et si l'on s'apercevait qu'un trop grand nombre de jeunes gens voulussent entrer dans la même industrie, lorsqu'il y en aurait d'autres qui manqueraient de bras, les commissions administratives centrales se réuniraient, et des mesures seraient prises à cet égard.

Art. 48.

Les apprentis seront encouragés par des concours qui s'organiseront entr'eux. Les plus faibles capacités seront rétribuées, seulement ces derniers n'auront aucune part à prétendre dans les bénéfices. La durée de l'apprentissage sera variable ; chaque année dans son assemblée générale, les associés prononceront l'admission des apprentis au rang des ouvriers-compagnons. Chaque industrie, dans son règlement particulier, fixera l'âge auquel les adultes seront admis à l'apprentissage, et l'âge auxquels les *vieux ouvriers* seront admis à la retraite.

Art 49.

L'associé qui atteindra l'âge de la retraite, devra se retirer. L'association devra s'acquitter envers lui des sommes qu'elle lui devra ; salaire, bénéfice, retenues et intérêts.

Article 50.

Si l'associé en retraite n'a pas un revenu suffisant pour lui procurer le nécessaire à l'existence, l'association devra y pourvoir. Le secours accordé doit être l'objet d'une demande formulée par le retraité, et qu'il adressera au président du Conseil, pour en délibérer en dernier ressort, à l'assemblée générale des associés.

Les propriétés immobilières, telles que le bâtiment servant à l'installation des bureaux, les magasins, les ateliers, le matériel industriel, les meubles meublant l'administration et les bureaux, sont reconnues, en principe, propriétés inaliénables, appartenant à perpétuité aux associations ouvrières et industrielles.

CONCLUSIONS.

On objectera, sans doute, que bien des corporations (il est pénible de l'avouer), donnent à peine à gagner, à leurs salariés, deux francs par jour (travail de douze heures), le prix de chaque journée répartie l'une dans l'autre, et que, si on leur accorde le minimum que nous fixons ici (quatre francs par jour), dans notre projet d'association, ces industries tomberont.

Eh bien, non! les articles confectionnés par cette industrie devront infailliblement augmenter en produits. Voici pourquoi :

N'arrive-t-il pas que certains articles rapportent autant de bénéfice au patron que le salaire accordé à la main-d'œuvre ?

Il est donc évident que l'on pourrait encore jouir du bon marché des divers produits de ces industries, trop exploités par les uns, et trop méconnus et dédaignés par les autres ; mais que la concurrence s'en mêle, et qu'une nouvelle organisation se présente, il est incontestable qu'un changement s'opérera dans ces industries précitées : d'ailleurs, les diverses corporations qui tiennent aux objets indispensables à l'existence ne peuvent présenter un semblable fait. Ceux-là ouvriront la marche et s'organiseront ; ils donneront aux autres ce qu'ils auront de trop, pour que ceux-là puissent suffire à ce qui leur manque, en attendant que le *grand tout industriel* s'organise.

Il est, du reste, évident que si une industrie n'accorde pas une rétribution suffisante à ses salariés, c'est qu'elle dégénère, soit qu'elle manque d'intelligence ou d'argent, à moins cependant qu'une concurrence puissante, maîtresse presque absolue de cette branche industrielle, ne la dirige aveuglement dans une voie fatale, guidée par un égoïsme personnel et brutal, ne voyant et ne connaissant qu'une seule spéculation pour tripler son capital : Exploiter le travailleur ; et, pour arriver à ses fins, accaparer le travail, et feindre une *disette* pour obtenir le service des bras humains avec rabais. Mais ce fait, s'il existe, n'est-il pas criminel? et doit-on craindre de l'attaquer, de le terrasser? n'est-il pas condamnable à tous les points de vue? Et s'il n'en était ainsi que serait l'honneur de l'industrie nationale, que deviendrait-il ?

Ne faut-il pas à tous les hommes un stimulant?

Au soldat, la gloire et la décoration?

Au travailleur, la liberté et le salaire?

La concurrence au profit de tous, c'est le PROGRÈS. La concurrence au profit de quelques-uns , c'est la DÉCADENCE industrielle.

APERÇU SOMMAIRE DE LA DÉCADENCE D'UNE INDUSTRIE.

Quelques intrigants — *respectons tout* — organisent, sur un vaste plan, une société industrielle; ils font appel aux capitaux; les capitaux arrivent; ils accaparent les *achats* et les *ventes*, c'est-à-dire les COMMANDES et COMMISSIONS, les PRODUITS et les BRAS; puis, à l'œuvre, ils suppriment les intermédiaires.

Le meunier se fait boulanger!

Le tanneur se fait cordonnier!

Le vigneron se fait tonnelier!

Le maçon se fait architecte!

De la production à la consommation, tous les bénéfices sont réunis et recelés dans la même caisse.

Plus de petits établissements; disparaissez, atômes, et faites place à d'aristocratiques industriels : Nous sommes les ROIS.

Ces grandes *entreprises*, dirigées par de grands *entrepreneurs*, ont toutes le caractère exploiteur, et ne comprennent la récolte de leurs bénéfices qu'en diminuant les salaires; et cela leur semble d'autant vrai et facile qu'ils peuvent à volonté *diminuer les prix*, ou augmenter la *durée du travail*.

Les bras vont quand même s'offrir à leur service, sachant

qu'ils fournissent par moment du travail en quantité ; c'est cela seul, qui souvent, leur vaut la préférence des travailleurs.

Ils ont enfin tous les avantages pour pouvoir vendre et livrer au rabais, et se réserver encore un joli bénéfice ; c'est la main d'œuvre qui soutient la concurrence et paye les *festins* et l'orgie de cette nouvelle *aristocratie* qui a l'audace d'inscrire sur son blason : PROGRÈS.

Pendant ce temps, que font donc les chefs des petites *boutiques* ou magasins ? ce qu'ils font, ils suivent l'exemple des *grands patrons* ils diminuent le salaire, afin de pouvoir baisser les prix de vente, qu'ils ne peuvent plus maintenir en comparaison des prix de leurs concurrents.

Les *aveugles !* partout des *aveugles !* en haut, en bas encore des aveugles !!! qui n'ont tous pour science économique que l'exploitation de l'homme par l'homme.

Maintenant voyons ce que fait et devient l'ouvrier :

Ceux qui ont de l'ouvrage se feront au travail, et à force d'habileté, feront de leurs bras et de leurs corps une machine vivante, et ralongeant la journée d'une moitié de la nuit ; ils arriveront à obtenir un salaire bien juste suffisant à l'existence de leurs chétives mais intéressantes familles.

Cependant de jour en jour, des bras nouveaux manquent de travail, vient un moment ou les ouvriers ont beau faire, qu'ils soient capables ou laborieux, il leur est impossible de se procurer la part de travail qui doit les faire vivre.

Et la cause où en est-elle ?

La cause est, que les travaux qui occupaient précédemment *cinq* ouvriers, n'en demandent plus que trois, vu que *trois* pour obtenir un salaire suffisant produisent comme *cinq*.

Le mal se propage doucement, mais il se propage toujours !

Et cependant, ceux qui ne travaillent pas, il faut qu'ils vivent ; et pour vivre en travaillant, voilà ce qu'ils font : ils se procurent un faible crédit, ils confectionnent un article de leur industrie, ils en adoptent la fabrication spéciale, et à force de recherches, ils font dire au prix de revient son dernier mot ; puis ils livrent.

à *l'acheteur-marchand* le produit au plus bas prix, prélevant bien juste pour tout bénéfice le minimum du salaire que payent les *exploiteurs.* Voilà donc, par la concurrence, les bénéfices du patronage entièrement abolis.

Engagés dans cette voie, les *patrons* les mieux établis suivent très-innocemment la malheureuse et fatale voie de la *faillite.* C'est le courant qui les entraîne. Ils ne travaillent plus pour le gain, ils travaillent pour *résister*, beaucoup plus par *amour-propre* que par *courage.* A moins cependant que les susdits ne possèdent un patrimoine qui leur permette de s'élever à la hauteur des *nobles seigneurs de l'industrie* ; alors, on les comptera au nombre des *acheteurs-exploiteurs*, ils prendront part au *gateau du bénéfice* et feront *chorus* avec les MAITRES..... Et la masse des travailleurs ne sera plus qu'un peuple paralysé, sans stimulant, et sans initiative, esclave muet du capital exploiteur.

Dans ces conditions funestes l'industrie nationale baissera ! baissera encore !! baissera toujours !!! jusqu'au jour ou la trompette du progrès vrai, sonnera le réveil, et réveillera l'intelligence industrielle et commerciale qui seule est puissante et souveraine.

Secouant ses haillons le travailleur français reprendra sa place dans l'atelier, et ses produits seront achetés de préférence par le monde entier. Et, j'ose le dire, tout homme sage et prudent ne doit pas hésiter à se soumettre et à reconnaître la légitimité d'un principe qui proclame qu'un peuple intelligent et industriel, appartenant à une grande nation, fière et belliqueuse, doit vivre en travaillant, et qu'il doit jouir des bénéfices que le travail rapporte.

Qu'avez-vous à craindre ? Rien ! si ce n'est que nous soyons plus heureux, que nous devenions, non plus *riches*, mais moins *pauvres?* Que notre position en s'améliorant, se rapproche un tant soit peu de la vôtre.

Oh non ! vous ne craignez, ni ne redoutez cela, bien au contraire, j'aime à croire que c'est votre désir ; car, en définitive, ce que nous demandons, empêcherait-il celui qui est riche de rester riche ? non ! le bon riche deviendrait plus riche : le mauvais riche à l'exemple du *bon* et du *vrai* se guérirait de son égoïsme et de sa cupidité.....

Et la nation française, première nation militaire du mo de, en serait aussi la première nation industrielle.

ANDRÉ RATOUIS.

FIN DE LA CONSTITUTION DU TRAVAIL.

Paris, le 20 juin 1848.

LE SAVOIR-FAIRE ET LE CAPITAL

AVIS.

La rédaction, ainsi que les chiffres d'*achats* et de vente qui établissent les prix de revient, et règlent les bénéfices, n'ont subit aucun changement.

Nous avons religieusement respecté les idées et les principes commerciaux et professionnels que nous pratiquions alors.

A nos lecteurs à juger si les modifications, que dans ces derniers temps, l'étude et l'expérience nous ont conseillées, sont véritablement le **PROGRÈS** dans la fabrication.

Les corrections portent seulement sur l'arrangement des *phrases* négligées, et sur l'exactitude des *chiffres*. Cette réimpression du *savoir-faire et le capital* se produit ici en tout point, semblable à la première édition publiée en janvier 1861, et épuisée depuis deux ans. Ce qui fait suite, complète les idées émises dans cette *brochure*.

Paris, 20 octobre 1860.

LE SAVOIR-FAIRE ET LE CAPITAL

PAR ANDRÉ RATOUIS,

Fabricant de tiges et de chaussures en tous genres, 47, rue Montorgueil, à Paris.

**Renseignements utiles à ceux qui fabriquent
ou veulent fabriquer la Chaussure, ainsi qu'aux Manufacturiers,
Négociants, Fabricants, Tanneurs, Corroyeurs, Peaussiers,
Marchands d'étoffes ou Capitalistes.**

« La vérité est un devoir.
« La dire est un droit. »

Que voulons-nous en publiant cette brochure ? Qu'espérons-nous ?

Nous espérons faire comprendre à nos collègues la réciprocité d'intérêts qui doit exister entre les diverses branches industrielles qui se rattachent à la confection de la chaussure.

Désirant donner à ce travail le plus de clarté possible, nous procéderons par chiffres, soumettant à nos lecteurs un tableau qui indique les *prix de revient* des articles de confections les plus utiles, et les plus ordinaires.

Les chiffres que nous donnons ici sont basés sur les cours et les façons actuels ; les uns et les autres sont exacts ; ils autorisent les *acquéreurs* à exiger de la *fabrication*, qualités *supérieures* des marchandises, et *bonne confection*.

PRIX DE REVIENT.

Premier tableau.

DESSUS DE SOULIERS VERNIS LACES.

Empeignes, la paire.	1 f. 15
Quartiers, —	» 60
Doublure des quartiers, la paire.	» 35
— des empeignes, —	» 10
Façon de piqûres à l'alène.	» 50
Coupe.	» 10
Prix de revient.	2 80
Bénéfice de la fabrication, 12 0/0.	» 34
Prix de vente.	3 14

ACHATS DES MARCHANDISES. — Pour obtenir ce résultat, il faut acheter les veaux vernis, 115 fr. la douzaine.

Rendement à la douzaine de vernis, empeignes.	90	» »
— — quartiers .	30	» »
90 paires empeignes à 1 fr. 15 la paire . . .	103	50
30 — quartiers à 60 c. — . .	18	» »
Total.	124	50

Différence au bénéfice de la coupe (par douzaine), 6 fr. 50, le rendement doit être garanti par la taille, en hauteur et largeur.

Doublures en peau paille.

Rendement à la douzaine de peaux, 84 paires. — La paire, 35 c. — Produit, 29 fr. 40.

Différence au bénéfice de la coupe (par douz. de peaux) 1 f. 40.

Deuxième tableau.

DESSUS DE SOULIERS VERNIS ÉLASTIQUES.

Empeignes, quartiers, doublures, devant et derrière, même prix qu'au premier tableau, ensemble.	2	20
Elastiques des côtés.	»	30
Façon de piqûres à l'alène.	1	25
Coupe.	»	15
Prix de revient.	3	90
Bénéfice de la fabrication, 12 0/0.	»	48
Prix de vente.	4	38

Troisième tableau.

DESSUS DE SOULIERS VEAU LACÉS.

Empeignes.	1	» »
Quartiers.	»	40
Doublures pour quartiers (basane lissée ou têtes de veaux.	»	30
Doublures pour empeignes.	»	10
Façon de piqûres à l'alène.	»	40
Coupe.	»	10
Prix de revient.	2	30
Bénéfice de la fabrication, 12 0/0.	»	28
Prix de vente.	2	58

ACHATS DES MARCHANDISES. — Veaux cirés, poids de 12 kilos à la douzaine — Le kilo à 7 fr. — La douzaine à . 84 » »

Rendement à la douzaine (empeignes). . . .	60	» »
— — (quartiers). . . .	60	» »
Empeignes et quartiers, la paire 1 fr. 40, produit.	84	» »

Somme égale au prix d'achat.

Doublures : basanes lissées ou tête de veau, prix d'achat (la douzaine)	28	» »
Rendement (la douzaine), 95 paires. — La paire, 30 c. produit (la douzaine).	28	80
Bénéfice à la coupe.	»	80

Quatrième tableau.

DESSUS DE SOULIERS VEAU ÉLASTIQUES.

Empeignes, quartiers, doublures devant et derrière, même prix qu'au troisième tableau, ensemble.	1	75
Elastiques des côtés.	»	25
Façon de piqûres à l'alène.	1	» »
Coupe.	»	15
Prix de revient.	3	15
Bénéfice de la fabrication, 12 0/0.	»	38
Prix de vente.	3	53

Cinquième tableau.

NAPOLITAINS SANS DOUBLURES.

Empeignes, la paire	1	70
Quartiers, contreforts et élêtes.	»	90
Façon de piqûres à l'alène.	»	60
Coupe.	»	10
Prix de revient.	3	30
Bénéfice de la fabrication, 12 0/0.	»	35
Prix de vente.	3	65

Sixième tableau.

BOTTINES ÉLASTIQUES, CHEVREAU, CLAQUÉES, VERNIES (Hommes).

Elastiques.	1	25
Chevreau ou veau mégis.	»	75
Coutils et tirants.	»	25
Claques veau vernis.	2	»»
Façon des carcasses à l'aiguille.	1	25
— des claquages à l'alène.	1	10
Coupe.	»	20
Prix de revient.	6	80
Bénéfice de la fabrication, 12 0/0.	»	82
Prix de vente.	7	62

Septième tableau.

BOTTINES ÉLASTIQUES, CHEVREAU, CLAQUÉES, VEAU OU VACHE GRAINÉE (Hommes).

Elastiques, chevreau, coutil, coupe et façon de la carcasse, mêmes prix qu'au tableau qui précède, ensemble.	3	70
Claques veau ciré ou vache grainée. . . .	1	40
Façon du claquage.	1	»»
Prix de revient.	6	10
Bénéfice de la fabrication, 12 0/0.	»	74
Prix de vente.	6	84

Achats des marchandises. — Chevreau (la douzaine), ... 40 » »

Rendement (la douzaine), 55 paires, petits côtés
de tiges, la paire 75 c. produit, la douzaine. . . 41 25

Différence, au bénéfice de la coupe, 1 fr. 25.

Nous ne parlerons point des prix de revient des toiles, cou-
tils et tirants car ils sont incontestablement à l'avantage de la
coupe. — Elastiques, qualité extra-supérieure, achetés 5 fr. le
mètre en 13 centimètres de largeur.

Au mètre, quatre paires.

Huitième tableau.

TIGES DE BOTTINES POUR DAMES.

Bottines fantaisies, anglaises ou irlandaises simulées, étoffes, vernies,
veaux grainées, chevreaux, élastiques ou lacées.

Satin, draps ou chevreau, élastiques. . . .	2	» »
Claques vernies, et fantaisies découpées. . .	2	50
OEillets métalliques et attaches.	»	35
Doublures, peaux ou coutils, garniture chevreau.	»	35
Façon des piqûres à l'aiguille et à l'alène. . .	4	» »
Coupe.	»	50
Prix de revient.	9	70
Bénéfice de la fabrication, 12 0/0.	1	17
Prix de vente.	10	87

Pour les bottines d'hommes, anglaises ou irlandaises, supplément de 2 francs sur l'ensemble des fournitures et des façons.

Neuvième tableau.

BOTTINES ANGLAISES POUR DAMES, ÉTOFFE SATIN ZÉPHIR
(sans être à élastiques).

Etoffes et doublures.	1	75
OEillets et pose des œillets.	»	50
Façon de piqûres à l'aiguille.	3	» »
Coupe.	»	50
Prix de revient.	5	75
Bénéfice de la fabrication, 12 0/0.	»	69
Prix de vente.	6	44

Dixième tableau.

TIGES ÉLASTIQUES CLAQUÉES VERNIES, COTÉS CHEVREAU.

Chevreau.	1	25
Elastiques.	»	75
Claques vernies.	1	»»
Doublures et tirants.	»	20
Façon de piqûres à l'aiguille.	1	25
Coupe.	»	15
Prix de revient.	4	60
Bénéfice de la fabrication, 12 0/0.	»	55
Prix de vente.	5	15

Onzième tableau.

TIGES ÉLASTIQUES CLAQUÉES VERNIES, SATIN-ZÉPHIR.

Claques vernies, élastiques, doublures, tirants.	2	»»
Satin-zéphir.	»	60
Façon des piqûres à l'aiguille.	1	10
Coupe.	»	10
Prix de revient.	3	80
Bénéfice de la fabrication, 12 0/0.	»	46
Prix de vente.	4	46

Douzième tableau.

TIGES LACÉES CLAQUÉES VERNIES, SATIN-ZÉPHIR.

Satin-zéphir, doublures, claques vernies. . .	1	85
Façon de piqûres à l'aiguille.	»	90
Coupe.	»	10
Prix de revient.	2	85
Bénéfice de la fabrication, 12 0/0.	»	35
Prix de vente.	3	20

Treizième tableau.
TIGES ÉLASTIQUES ÉTOFFES, CLAQUÉES ÉTOFFE.

Satin-zéphir.	»	90
Elastiques.	»	75
Doublures et tirants.	»	15
Façon de piqûres à l'aiguille.	»	80
Coupe.	»	10
Prix de revient.	2	70
Bénéfice de la fabrication, 12 0/0.	»	33
Prix de vente.	3	03

Quatorzième tableau.
TIGES LACÉES ÉTOFFES ET CLAQUÉES ETOFFE.

Satin-zéphir, doublures.	1	05
Façon des piqûres à l'aiguille.	»	70
Coupe.	»	10
Prix de revient.	1	85
Bénéfice de la fabrication, 12 0/0.	»	23
Prix de vente.	2	08

Quinzième tableau.
TIGES ÉLASTIQUES ÉTOFFE, COUTURE DROITE.

Satin-zéphir	»	75
Elastiques.	»	75
Doublures et tirants.	»	15
Façon des piqûres à l'aiguille	»	50
Coupe.	»	05
Prix de revient.	2	20
Bénéfice de la fabrication, 12 0/0.	»	27
Prix de vente.	2	47

Seizième tableau.
TIGES LACÉES ÉTOFFES, COUTURE DROITE.

Satin-zéphir, doublures.	»	90
Façon des piqûres à l'aiguille.	»	40
Coupe.	»	05
Prix de revient.	1	35
Bénéfice de la fabrication, 12 0/0.	»	17
Prix de vente.	1	52

Ainsi donc, dans la fabrication des tiges pour dames, pour obtenir les prix de revient que nous énumérons ici, il faut employer, préférablement et comme base d'opération, des matières premières, comme suit :

ACHAT DES MARCHANDISES.

Chevreau la douzaine 40 fr., rendement à la douzaine 32 paires (côtés-chevreau).

La paire, (côtés-chevreau) 1 fr. 25, produit à la douzaine, 40 fr. somme égale au prix d'achat.

Tissu élastique, qualité extra en 11 centimètres, prix du mètres 3 fr. 75, rendement 5 paires : la paire 75 c. produit 3 fr. 75 somme égale au prix d'achat.

Coutil blanc, largeur en 140 centimètres, le mètre 1 fr. 40.

Veau verni, pour femmes, la douzaine 60 fr., rendement 60 paires de claques rondes à la douzaine, prix de la paire de claque 1 fr. produit 60 fr. somme égale au prix d'achat.

Les talonnettes que nous estimons à 10 c. la paire, se trouvent avantageusement dans les débris.

Leur prix de 10 c. reste donc un bénéfice de la coupe.

TABLEAU GÉNÉRAL.

Du prix d'achat des articles nécessaires pour la fabrication des tiges des dessus pour hommes et pour dames.

Conditions ordinaires du commerce de la place de Paris.

Au comptant, escompte de 3 à 5 0/0; à 30 ou 60 jours, escompte de 1 à 3 0/0; ou 90 à 120 jours sans escompte.

Veau verni, la douzaine produisant 90 paires empeignes et 30 paires quartiers. . . . . 115 f. »

Veau verni produisant, à la douzaine, 60 paires de claques pour dames . . . . 60 »

Veau ciré de Bordeaux, la douzaine pesant 12 kilos, doit donner un rendement de 60 paires d'empeignes et quartiers, à 7 fr. le kilo. . . . . 84 »

Peau paille, la douzaine produisant 84 paires, au prix de 28 »

Peau basane lisse ou tête de veau, doit donner 96 paires à la douzaine . . . . 28 »

Élastique, qualité supérieure, pour souliers, le mètre 1 70

Élastique 13 centimètres, pour hommes, (qualité supérieure), le mètre . . . . 5 »

Élastique, 11 centimètres, pour dames, qualité extra, le mètre 3 75

Coutil gris, bonne qualité, le mètre 1 40

Coutil blanc supérieur, le mètre 1 40

Chevreau, la douzaine, produisant 55 paires de tiges pour hommes et 32 pour dames . . . . 40 »

PRIX COURANT GÉNÉRAL.

Place de Paris.

Du prix de vente des tiges et dessus fabriqués dans les conditions ci-dessus, y compris un bénéfice de 12 0/0 pour couvrir les frais de fabrication, ceux du fabricant en particulier, et réserver des bénéfices nets.

Prix de vente en gros. — Dessus pour hommes.

Dessus de souliers vernis lacés ordinaires	3	25
id. id. élastiques	4	60
id. id. veau lacés ordinaires . . .	2	60
id. id. id. élastiques.	3	70
Dessus napolitain sans doublure	3	50
Dessus garçonnet vernis lacés	2	50
id. élastiques	3	50
Tiges de bottines élastiques claquées, vernies ou grainées	8	»
id. id. élastiques	7	50
id. anglaises claquées (hommes ou femmes) à élastiques.	13	»
Tiges de bottines anglaises tout étoffe, lacées, satin-zéphir	8	»
Tiges de bottines anglaises satin de soie	12	»
Tiges chevreau élastiques claquées vernies, pour femmes	5	50
Tiges id. à la mécanique.	5	»
Tiges satin-zéphir claquées verni élastique	4	75
Tiges id. id. à la mécanique	4	40
Tiges id. id. lacées	3	40
Tiges id. id. à la mécanique	3	»
Tiges tout étoffe à élastique (claque ronde)	3	25
Tiges id. id. à la mécanique	3	»
Tiges id. à lacets id.	2	25
Tiges id. id. id.	2	»
Tiges id. élastiques, couture droite	2	60
Tiges id. id. à la mécanique	2	50
Tiges id. satin-zéphir, couture droite à lacets .	1	75
Tiges id. à la mécanique.	1	60

CHAUSSURES MONTÉES PRÊTES A ÊTRE LIVRÉES A LA CONSOMMATION.

» En procédant par le même moyen, nous obtiendrons le même résultat en ajoutant le prix de revient des tiges et dessus aux fournitures et façons des chaussures montées.

Premier tableau.

SOULIERS VERNIS LACÉS, MONTÉS AU VISSÉ OU AU RIVÉ.

Dessus (prix de revient), voir page 27. . . .	2 f.	80
Semelles (dernière).	»	75
— (première).	»	25
Derniers talons (bon bout).	»	10
Talons (sous bout).	»	25
Contreforts.	»	10
Bords et attaches.	»	10
Façons des bordages.	»	25
Façons des pieds (chevilles ou vis comprises) .	2	50
Coupes des fournitures.	»	10
Prix de revient.	7	20
Bénéfice à 12 0/0.	»	87
Vissés ou rivés. Prix de vente.	8	07

Deuxième tableau.

SOULIERS VERNIS A ÉLASTIQUES (RIVÉS).

Façons et fournitures sont les mêmes qu'au premier tableau (souliers vernis lacés), ensemble. .	3	90
Bénéfice à 12 0/0.	»	47
	4	37
Dessus (bénéfice compris), voir page 27.	4	38
Prix de vente.	8	75

Les articles du 1ᵉʳ et 2ᵉ tableau, en cousu, demandent un supplément de 95 c. applicable en partie à la main d'œuvre ; bénéfice 12 0/0, différence 1 fr. 07 c. en plus.

Troisième tableau.

SOULIERS VEAU LACÉS (RIVÉS).

Semelles (dernière en cuirs).	1	» »
— (première).	»	30
Sous-bouts, bons bouts, et contreforts. . . .	»	50
Cambrure et remplissage, bords et attaches. .	»	20
Façons des bordages et des pieds.	2	40
Coupe.	»	10
	4	50
Bénéfice à 12 0/0.	»	54
Dessus (bénéfice compris), voir page 28. . .	2	58
Prix de vente.	7	62

Quatrième tableau.

SOULIERS VEAU A ÉLASTIQUES RIVÉS.

Façon et fourniture sont les mêmes qu'au troisième tableau (souliers veau lacés), ensemble (bénéfice compris)	4	50
Dessus (bénéfice compris), voir page 28. . .	3	53
Prix de vente.	8	03

Pour le 3e et 4e tableau, supplément de 75 c. pour obtenir, en cousu, les mêmes conditions en qualité et marchandise.

Cinquième tableau.

BRODEQUINS DITS NAPOLITAINS, CONTREFORTS PIQUÉS RIVÉS EN FER A DOUBLES RANGS, AVEC ENTRE-DEUX.

Semelles (dernière), avec entre deux. . . .	1	25
— (première), —	»	35
Sous-bouts et bons bouts.	»	35
Accessoires, coupe et façon des pieds. . . .	2	40
	4	35
Bénéfice à 12 0/0.	»	51
Dessus (bénéfice compris), voir page 29	3	65
Prix de vente.	8	51

Cousu. — Supplément 1 fr. même qualité, même façon.

Sixième tableau.

BOTTINES ÉLASTIQUES, CLAQUÉES VERNIES, RIVÉES (Hommes).

Dernière et première semelles, ensemble. . .	1	10
Sous-bouts, bons bouts, contreforts et accessoires.	»	60
Façon des pieds. . . . . :	2	50
Coupe des fournitures.	»	15
	4	35
Bénéfice 12 0/0.	»	53
Tiges (bénéfice compris), voir page 29 . . .	7	62
Prix de vente.	12	50

Cousu. — Supplément 1 fr. 50 c. mêmes qualités mêmes façons.

Septième tableau.

BOTTINES CLAQUÉES, VEAU A ÉLASTIQUES, RIVÉES (Hommes).

Façons, fourniture des dessous avec semelles en cuir et entre-deux (bénéfice compris).	5	20
Tiges, (bénéfice compris), voir page 29 . . .	6	84
Prix de vente.	12	04

Cousu. — Supplément 1 fr. 25 c. même qualité, même façon.

ARTICLES POUR DAMES.

Premier tableau.

BOTTINES CHEVREAU CLAQUÉES VERNIES, A ÉLASTIQUES ET A TALONS (RIVÉES).

(Les machines à coudre rendent les chaussures pour dames, qui se livrent directement à la consommation, susceptibles de variations sensibles sur les prix. Ce n'est donc que pour les articles dont les tiges et dessus sont confectionnés à la main (aiguille ou alène) que nous maintenons les prix que nous énonçons ci-dessus et ci-dessous.)

Prix des tiges (bénéfice compris), voir page 31		5 fr. 15
Dernière semelle	» fr. 60	
Première id	» 20	
Sous-bouts et bons bouts. . . .	» 25	
Contreforts	» 10	
Accessoires	» 10	
Coupe	» 10	
Façon	1 50 — 2 85	
Bénéfices sur fournitures 12 °/₀. .	» 35	
Prix de vente (rivées)		8 fr. 35
Supplément pour le même article (cousu)		1 20
Prix de vente (cousu).		9 fr. 55

Deuxième tableau.

BOTTINES SATIN-ZÉPHIR CLAQUÉES VERNIES, A ÉLASTIQUES.

Prix des tiges (bénéfice compris), voir page 31.	4 fr. 46
Fournitures, façon, comme ci-dessus (premier tableau), bénéfice compris	3 20
Prix de vente (rivé). .	7 fr. 86
Le même article cousu exige un supplément de	1 20
Prix de vente (cousu). .	8 fr. 66

Troisième Tableau.

BOTTINES SATIN-ZÉPHIR A LACETS, CLAQUÉES. VERNIES, A TALONS (RIVÉES.)

Mêmes fournitures que ci-dessus (bénéfice compris).	3 fr. 20
Prix des tiges (bénéfice compris), voir page 31 . .	3 20
Prix de vente (rivé) . .	6 fr. 40
Même article cousu, supplément.	1 10
Prix de vente (cousu). .	7 fr. 50

Quatrième tableau.

BOTTINES TOUT ÉTOFFE, CLAQUES RONDES, A ELASTIQUES (RIVÉES).

Dernière semelle.	» fr.	45		
Première id.	»	15		
Sous-bouts, bons-bouts, contreforts et				
accessoires	»	45		
Coupe et façon	1	30 — 2		35
Bénéfice, 12 °/₀				35
			2	70
Prix des tiges (bénéfice compris), voir page 32.			3	03
Prix de vente (rivées).			5	73
Supplément (pour le cousu).			1	15
Prix de vente (cousu).			6	88

Cinquième tableau.

BOTTINES TOUT ÉTOFFE A TALONS, LACETS, CLAQUES RONDES.

Façon et fournitures, comme ci-dessus (bén. compris).	2 fr.	70
Prix des tiges (bénéfice compris), voir page 32 . .	2	08
Prix de vente, (rivées) . .	4	78
Supplément pour le cousu .	1	15
Prix de vente (cousues) . .	5 fr.	93

Sixième tableau.

BOTTINES TOUT ETOFFE A TALONS, COUTURE DROITE, A ELAS-TIQUES.

Mêmes fournitures que ci-dessus (bénéfice compris) .	2 fr.	70
Prix des tiges (bénéfice compris), voir page 32 . .	2	47
Prix de vente (rivées). . .	5	17
Supplément pour le cousu .	1	15
Prix de vente (cousues) . .	6	32

Septième tableau.

BOTTINES SATIN-ZÉPHIR A TALONS, COUTURE DROITE, A LACETS.

Fournitures, etc., comme ci-dessus	2 fr.	70
Prix des tiges (bénéfice compris), voir page 32	1	52
Prix de vente (rivées) . . .	4	22
Supplément (pour le cousu) . ·	1	15
Prix de vente, cousues. .	5	40

Huitième tableau.

BOTTINES SATIN-ZÉPHIR, CLAQUÉES VERNIES, A LACETS.

Ces articles sans talons se fabriquent ordinairement aux rivets; nous omettrons les prix de la couture.

A l'aide du travail à la machine à coudre on obtient une modification sensible sur les prix de revient des tiges.

Prix approximatif des tiges (bénéfice compris).		3 fr.		25
Première semelle	» fr.	15		
Dernière — . . . . . . · .	»	60		
Contreforts, couchepoints et accessoires	»	35		
Bénéfices des dessous 12 %. . .	»	25		
Façon et coupe	»	75 —	2	10
Prix de vente (rivées)			5	35

Neuvième tableau.

BOTTINES SATIN-ZÉPHIR, SANS TALONS, COUTURE DROITE, A LACETS.

Prix approximatif des tiges (bénéfice compris).		1 fr.		55
Dernière semelle	» fr.	45		
Première »	»	15		
Contreforts, couche points et accessoires	»	30		
Façon et coupe	»	65		
Bénéfice, 12 %. sur les fournitures.	»	30 —	1	85
Prix de vente (rivées)	»		3	40

Dixième tableau

SOULIERS MAZAGRAN, CLAQUES VERNIES, RIVÉS, A TALONS.

Etoffe	» fr.	50	
Peau blanche, toile	»	15	
Claques vernies	»	90	
Façon dessus	»	50	
Dernière semelle . . , . .	· »	60	
Première »	»	15	
Sous-bouts et bons bouts. . .	»	25	
Contreforts et accessoires. . .	»	20	
Coupe et façon du dessous . .	1	40	
Attaches.	»	05 — 4 fr. 70	
Bénéfice, 12 °/₀.		» 55	
Prix de vente (rivé).		5 25	

Onzième tableau.

MÊME ARTICLE QUE LE PRÉCÉDENT SANS TALONS (RIVÉ).

Dessus (bénéfice non compris) .	2 fr. 05	
Dessous	1 70 — 3 fr. 75	
Bénéfice, 12 °/₀.	» 45	
Prix de vente (rivé).	4 20	

Nous nous arrêtons : il serait superflu de désigner ici tous les articles qui se fabriquent dans l'art tant étendu et tant varié de la cordonnerie ; pour l'homme du métier, il y en a suffisamment pour juger de la vérité et de l'exactitude des chiffres.

Après avoir donné un tarif de l'achat des marchandises, conconcernant les tiges nous nous abstenons de donner celui de la fabrication du dessous, convaincu que les prix de revient que nous soumettons les feront facilement ressortir : il faut donc se confier aux connaissances du fabricant pour choisir son fournisseur et ses marchandises.

Ainsi que nous avons fait pour les prix de vente des tiges, nous grouperons en un tableau tous les articles désignés plus haut, en leur faisant subir à chacun une légère modification, pour faire face à diverses éventualités, telles que remises pour commission, escompte, déplacement, etc., etc.

TABLEAU GÉNÉRAL DES PRIX COURANTS

Donnant le prix fixe des articles pour hommes et pour femmes tout montés (cousus ou rivés).

Prix de vente en gros.

Chaussures pour hommes.

	Rivés.		Cousus.	
Souliers vernis lacés rivés	8	52	9	25
— — élastiques rivés	9	25	10	50
— veau lacés rivés	6	50	8	75
— — élastiques rivés. . . . ,	8	50	9	25
Napolitains forts sans doublure, rivés. . .	7	75	8	50
— à patins	8	25	10	»
Bottines élastiques claquées, vernies ou grainées, pour hommes	13	»	14	»
Bottines élastiques claquées, veau, rivées .	12	50	14	»
— — à patins, rivées.	14	50	15	50

Articles pour dames.

	Rivés.		Cousus.	
Bottines chevreau élastiques claquées vernies	8	75	10	»
Bottines satin-zéphir — à talons	7	75	9	»
Bottines satin-zéphir lacées, claqués vernis, à talons.	6	50	7	50
Bottines claques rondes, étoffe, élastiques,	6	»	7	»
Bottines — lacées . .	4	75	6	»
Bottines étoffe, couture droite, élastiques.	5	25	6	50
Bottines — lacées.	4	25	5	25

Articles pour dames, sans talons, au rivet.

	Rivés	
Bottines satin-zéphir claquées, vernies, lacées (la paire)	5	50
— couture droite, étoffe	3	50
Souliers Mazagran claqués vernis, à talons	5	25
— — sans talons . . .	4	25

Avec ces prix d'achat et de vente, on doit obtenir un résultat certain, par la raison qu'ayant de bonne marchandise, de bons patrons et de bons ouvriers, le client est forcé de venir.

Mais avant d'aller plus loin, voyons tout ce qu'il faudra faire de sacrifices pour avoir un résultat satisfaisant. A cet effet, nous soumettrons aux lecteurs un tarif des prix de façons, dans lequel ils seront obligés de se renfermer, tout en occupant de consciencieux et bons ouvriers ; du reste, et en général dans la cordonnerie, les travailleurs n'aiment point le dérangement : ils préfèrent un travail suivi, régulier, à quelques centimes de plus. Ils ont, ma foi, bien raison.

Tarif pour joigneurs, piqueurs à l'alène et à l'aiguille.

Bottes à l'écuyère, vernies (la paire)	18	»
— veau	12	»
Tiges ordinaires vernies	5	»
— veau	1	75
Remontage de bottes vernies.	2	»
— veau	»	75
— veau, avec contrefort . . .	1	»
Bottines veau cambrées	1	50
— irlandaises ou anglaises pour hommes . .	4	50
— — — dames . . .	4	»
Tiges de claques aux bottines vernies	1	10
— — veau	1	»

Souliers élastiques vernis, la paire 1 25
— lacés — . . . . . . » 50
— élastiques veau . . . . 1 »
— lacés — . . . . » 40

Piqûre à l'aiguille, pour hommes.

Tiges de bottines chevreau à baguettes sans claque
la paire. 1 25
Tiges de bottines — cambrées — » 90
— — vernies avec claque . . . . 2 »
— — veau — 1 90

Pour Dames.

Tiges chevreau claquées, vernies, à élastiques, la paire 1 25
id. satin id. . . . . . . 1 »
id.. id. id. lacets . . . . » 90
id. id. étoffe claque ronde élastiques . . » 90
id. id. couture droite, id. . . . » 70
id. id. claque ronde, lacets . . . » 75
id. id. couture droite, id. . . . . » 60

Tarif du piquage à la mécanique.

Tiges pour hommes, claquées, vernies, élastiq., la paire 1 25
id. id. veau id. . . 1 10
Bottines cambrées, id. id. . . » 80
Souliers vernis élastiques, à dessins . . . . . » 80
id. id. piqûre droite . . . » 65
id. veau id. . . . . . » 55
id. vernis, lacés, tour piqué . . . . » 50
id. veau, id. id. . . . . » 35
Garçonnet verni, à élastiques . . . . » 55
id. lacés, tour piqué . . . . . . » 30
id. id. sans être piqué . . . . . . » 20

Piquage à la mécanique, finissage compris, tous articles pour dames.

Tiges chevreau élastiques, claquées, vernies, la paire. » 75
 id.   satin-zéphir,   id. . . . . . . » 65
 id.   id.   id.   lacets . . » 60
 id.   étoffe, claques rondes à élastiques. . . . » 50
 id.   id.   couture droite   id.   . . . . » 35
 id.   id.   claque ronde, lacets . . . . . . » 40
 id.   id.   couture droite, id. . . . . . . » 25
Souliers Mazagran claqués, vernis. . . . . . . » 45

Façons des chaussures montées au rivet, pour hommes.

Pieds de bottes vernies, la paire 3 50
 id.   veau 2 75
 id.   bottines vernies. 2 50
 id.   id.   veau 2 25
Souliers vernis ou grainés 2 25
 id.   veau avec entre-deux. 2 15
 id.   id. ordinaire. . . . . 2 »
Supplément pour les patins . . . . » 60

Façons de chaussures montées au rivet pour dames.

Bottines claquées à talons,   la douzaine . . 18 »
 id.   étofle   id. . . . . 15 »
Souliers Mazagran claqués à talons . . . . . 13 »
 id.   id.   sans talons . . . . 7 »
Bottines claquées   id. . . . . . 8 »
 id.   étoffe   id. . . . . . 7 »

Façons des chaussures montées, cousues, pour hommes.

Pieds de bottes vernies ordinaires. 4 50
 id.   id.   sans lisse. . . . . . . 5 »
 id.   veau, ordinaires. 3 50

Pieds de bottes veau sans lisse.	4	»
Pieds de bottines vernies ordinaires	3	50
id. id. sans lisse	4	60
id. veau, ordinaires	3	25
id. id. sans lisse	4	25
Souliers vernis ou grainés ordinaires	3	»
id. avec entre-deux	3	25
id. veau, ordinaires	2	50
Souliers veau avec patins	3	25
Napolitains point couvert avec entre-deux . . .	2	50

Façons des chaussures montées, cousues pour dames.

Bottines claquées à talons en double, la paire.	2 f.	50
id. étoffe id. id.	2	25
id. claquées id. en escarpin . . .	2	25
id. étoffe id. id.	2	»
id. id. chaussons à talons.	1	50

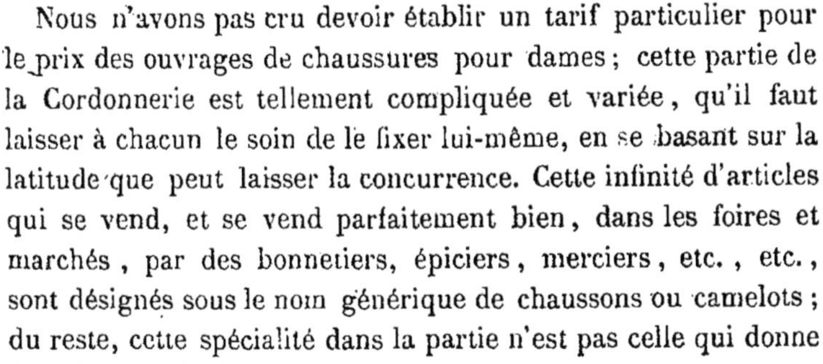

Nous n'avons pas cru devoir établir un tarif particulier pour le prix des ouvrages de chaussures pour dames ; cette partie de la Cordonnerie est tellement compliquée et variée, qu'il faut laisser à chacun le soin de le fixer lui-même, en se basant sur la latitude que peut laisser la concurrence. Cette infinité d'articles qui se vend, et se vend parfaitement bien, dans les foires et marchés, par des bonnetiers, épiciers, merciers, etc., etc., sont désignés sous le nom générique de chaussons ou camelots ; du reste, cette spécialité dans la partie n'est pas celle qui donne le moins de bénéfices.

Nous ferons remarquer que les tarifs des façons ci-dessus détaillés ne sont applicables qu'à la commission, et nullement pour les cordonniers à pratiques, ouvriers ou patrons travaillant pour une clientèle.

Toutes nos dispositions étant prises pour prouver aux lecteurs de bonne foi l'incontestabilité de nos chiffres, il nous reste à lui mettre sous les yeux les frais que nécessiterait un établissement pour une mise en action qui devra répondre au but que l'on se propose d'atteindre. C'est encore des chiffres qu'il faut, mais nous seront bref, puisqu'il ne s'agit plus que d'évaluer approximativement.

EXEMPLE :

Matériel.	1,000 f.	»
Frais d'agencement.	1,000	»
Loyer de 1,000 francs (six mois d'avance). .	500	»
Frais de maison (en attendant la première rentrée).	600	»
Achat de marchandises.	2,000	»
Espèces en caisse pour façons. . . .	2,000	»
Frais de prospectus, voyage, etc.	1,000	»
Total.	8,100	»

C'est donc 8,100 francs, qu'il faut avoir pour se créer une position honorable, avec la perspective de réaliser de bons bénéfices. Sinon, non !...

Quelles sont les chances pour réussir ?... Nous allons essayer de les faire comprendre, si déjà le lecteur ne les a pas comprises. D'abord établissons les frais par année.

SAVOIR :

Frais généraux, matériel et dépenses de maison.	2,400 f.	»
Loyer, impositions et assurances	1,000	»
Emballage, commissionnaire ou homme de peine.	900	»
Affranchissement, entretien du matériel. .	150	»
Frais divers pour voyage.	200	»
Id.	350	»
Total.	5,000	»

Quels peuvent être les bénéfices ?... Commençons par affirmer qu'avec les 8,100 fr. ci-dessus stipulés, et les frais de 5,000 fr. par année, la Maison que nous fonderions pourrait faire très-facilement, sans encombrement et sans un centime de frais de plus, 100,000 fr. d'affaires par année.

En vendant au-dessous du cours des autres fabricants, non-seulement à cause du bon marché (pas cher ne suffit point, mauvaise qualité est toujours chère), mais bon marché réel, c'est-à-dire, marchandise supérieure, confection irréprochable, l'acheteur viendra ; et pourquoi la Maison peut-elle fournir dans des conditions avantageuses à l'acheteur? C'est qu'elle achète au comptant.

Quelles sont les chances de non-réussite?... Il n'en existe pas, il ne peut en exister ; voici pourquoi :

Vous avez 8,100 fr. qui vous permettent d'acheter vos marchandises aux prix indiqués, peut-être mieux, de pouvoir occuper de bons ouvriers, à cause de vos excellentes fournitures, de l'abondance du travail, et surtout de la régularité de la paye, et de plus, vous avez la facilité de choisir et d'attendre la clientèle pendant un espace de six mois.

Les frais généraux et particuliers ne s'élevant qu'à 5,000 fr., il serait incroyable que l'on ne fît pas 42,000 fr. d'affaires, qui, à 12 0/0, donnent 5,040 fr. de bénéfices par an; s'il en était autrement nous n'hésiterions pas à déclarer qu'il y aurait vice, soit dans l'administration, soit dans le savoir-faire ou dans la conduite ; aussi, sans exiger qu'il faille être un aigle ou de bronze, nous ne pouvons admettre, pour diriger et édifier cette petite fabrique modèle qu'on soit tortue ou de paille.

D'après ce raisonnement, on peut nous répliquer que, s'il était nécessaire d'avoir la somme que nous indiquons pour s'établir fabricant, il y en aurait beaucoup moins.

Cela ne prouverait rien : dans les conditions que nous exposons, il y a 99 chances sur 100 de réussir et non-seulement de vivre heureux et honoré, mais d'avoir la douce perspective, après quinze années de travail, de se retirer des affaires, avec

4

100,000 francs; cela vaut bien la retraite des Invalides.

Dans le cas contraire, il y a 99 chances sur 100, de ne point réussir : non-seulement on passe sa vie à lutter contre les cartes de visites, plus ou moins timbrées, de certains messieurs à cravates blanches ; d'être traîné devant un tribunal, pour que la trompette de la renommée proclame bien haut et bien loin que vous êtes un malheureux incapable, voire même un misérable, qui n'a pas pu et même pas voulu faire honneur à ses affaires.

Voilà l'endroit et l'envers de la médaille.

Suivons :

Celui qui ne possède pas les moyens pécuniers, qui ont le double avantage de faciliter la fondation d'une maison et d'inspirer la confiance, ce qui fait qu'au lieu de courir après le crédit, c'est le crédit qui vient à lui, avec d'autant plus d'acharnement qu'il n'en a pas besoin ; celui qui ne possède pas ces moyens, disons-nous, est en vérité bien à plaindre, et souvent ni son savoir, ni sa conduite, ne lui suffisent pour arriver ; alors, ce qui sert le plus, c'est son audace, ou, si vous aimez mieux, sa volonté qui consiste à se créer des ressources, en entreprenant des affaires aventureuses ; et n'ayant point de crédit, il le prend où il peut le trouver, souvent même chez ceux qui sont le moins en position de 1 lui faire. Les plus pauvres sont les moins méfiants ; qu'arrive-t-il alors? Le besoin de vendre quand même se fait sentir chez lui, d'une façon rigoureuse ; alors, règle générale : en commerce, celui qui se laisse déborder par le besoin du crédit ne peut plus le maîtriser ; il multiplie ses affaires pour alimenter le crédit qui absorbe les bénéfices ; il arrive enfin qu'il sera obligé de s'endetter pour couvrir quelques pertes réelles ; et un jour il découvrira saint Pierre pour couvrir saint Paul.

A ce jeu de hardiesse et de hasard, il y a parfois quelques rares élus, c'est ce qui pourrait excuser ceux qui tombent en route.

Dans la chaussure, cela est moins facile, car il faut un certain fonds de roulement pour faire face aux payements qui ne peuvent être remis au lendemain, tels que les façons ; c'est bien cela qui fait que le fabricant est contraint d'employer des moyens très-onéreux pour se procurer des espèces.

Par exemple, ne pouvant acheter au comptant, il payera ses marchandises 12 0/0 plus cher que le tarif d'achat, par conséquent plus de bénéfices, car il ne vend pas plus cher, ou bien il vendra à crédit ; alors il court le risque de perdre, et quand il ne perdrait pas, ne pouvant attendre l'époque quelquefois très-éloignée des rentrées, il est obligé d'avoir recours aux petits escompteurs, aux usuriers, et alors il perd forcément. A-t-il moins de frais ? Non, au contraire, car les premiers frais d'établissement, soit menuiserie, serrurerie ; etc., etc., et même location, se payent toujours plus cher à crédit, en vertu de l'axiôme : Celui qui a besoin de crédit n'a pas le droit de marchander.

Un point essentiel, que nous prions le lecteur de considérer, c'est que nous ne supposons à ce fabricant sans argent aucun des défauts qui pourraient l'empêcher de réussir, loin de là ; il est courageux, entreprenant, actif : aussi posons ici quelques chiffres qui lui seront familiers ; remarquez-bien que nous n'enregistrons ici aucun frais inutile ou exagéré.

SAVOIR :

Location, imposition et assurances.	1,000 f.
Frais généraux, entretien de maison.	2,400
Courtage et teneur de livres (1).	2,000
Frais particuliers.	1,000
Emballages, hommes de peine, affranchissement.	600
Total.	7,000

Il est vrai qu'avec ces frais, il est en position, sans aucune autre dépense, de faire 100,000 fr. d'affaires, et il les fera, le moyen en est facile à comprendre : par la concurrence il forcera la vente, il se donnera beaucoup de mal, courant l'acheteur, le

---

(1) Le courtier et le teneur de livres sont indispensables à une maison qui marche sur le crédit, et qui est obligée de faire des affaires quant même pour se soutenir.

vendeur ; exploité par l'un et par l'autre , il s'adressera aux commissionnaires ou aux boutiquiers, c'est-à-dire , revend·urs de chaussures ; ceux-ci lui donneront la préférence, vu les prix et les conditions de payement ; mais dire le mal qu'il se donnera pour satisfaire son client est incroyable ; quant aux marchandises, dans certaines maisons, il les trouvera assez facilement ; tant qu'il marchera on lui fournira. Mais n'allez pas croire qu'il achète aux prix de notre tarif, lors même qu'il voudra vous le prouver : ne le contrariez pas il est assez malheureux, car il ment !

La vérité est qu'il achète, non pas à 10 0/0 au-dessus du tarif mais à 20 et peut-être à 30 0/0. Les maisons qui font crédit dans de telles conditions sont bien coupables ; mais elles suivent une marche trop fréquente, qui consiste à faire un certain chiffre de vente avec un individu, à des prix tellement élevés , que lorsqu'elles rentrent dans les deux tiers de leurs livraisons, si, par une circonstance imprévue, elles perdent l'autre tiers, il n'y a en réalité pour elles ni perte ni gain ; on ne saurait trop flétrir ces marchés.

Je vais encore poser ici quelques chiffres pour démontrer la manière dont les faits se passent ordinairement.

Admettons un instant ce chiffre de 100,000 d'affaires par an, ce qui pose très-solidement un fabricant.

Supposons qn'il vende ses produits à un bénéfice de 15 0/0 au lieu de 12.

Je maintiendrais cependant qu'il achetât ses marchandises au moins 10 0/0 plus cher.

Résultat donnant une perte annuelle de 3,000 fr.

Affaires, 100,000 fr., bénéfices . . .	15,000 f.
A déduire : frais d'établissement . . .	7,000
	8,000
Remise sur les achats	4,000
Reste	4,000 f.

Nous disons 4,000 fr. de remise sur les achats en cotant 10 0/0 plus cher que notre tarif, c'est que nous admettons 40,000 de matières premières, ce qui constitue un crédit de la même somme.

Sur 100,000 fr., ayant à déduire 40,000 pour l'achat des marchandises et 15,000 fr. comme bénéfice, il reste donc 45,000 fr. pour les façons ; car il paye plus cher, cela tient à deux causes : 1° il lui faut de l'ouvrage bien fabriqué, un laissé pour compte ébranlerait son crédit, un retour sérieux le culbuterait ; 2° ses ressources pécuniaires, beaucoup trop restreintes, ne lui permettent pas de faire travailler en dehors des saisons, son crédit ne s'étendant qu'à ses besoins journaliers.

Il faut donc admettre une remise des renchérissements sur les façons, ce qui laisse son bénéfice à découvert.

Or, pensez-vous qu'il soit possible, que pendant une année, ses rentrées en espèces se soient faites assez régulièrement et assez fortes pour payer à caisse ouverte 45,000 fr. de façon ? Non !... mille fois non !... Qu'admettez vous ?... Qu'il a dû forcer l'escompte de ses valeurs avant terme, et que, par cette nécessité, il perd pendant l'année une somme importante pour obtenir l'argent un mois avant l'échéance de son papier.

L'année suivante, si le pauvre diable veut apporter quelques modifications dans sa manière de travailler, s'il ne veut plus être gêné, ne plus perdre, que fait-il ?... Il amoindrit sa maison, il choisit ses clients, fait moins d'affaires ; d'accord ! mais ceux qu'il a conservés le quittent peu à peu, les fournisseurs le négligeront vu le peu d'importance de ses achats, les escompteurs le rebuteront, et les meilleures valeurs, en passant par ses mains, subiront une dépréciation qu'il devra supporter ; autre misère, une commission lui est refusée la veille d'une échéance !... Cataclysme !... il va, il vient, il court, c'est le lendemain qu'il faut payer, sinon, la confiance est perdue, plus de crédit, plus d'établissement. Alors on a recours aux moyens extrêmes... qui tuent en sauvant... il faut trouver acheteur quand même. Eh ! mon Dieu ! ce n'est pas difficile, en vendant à 30 0/0 de perte !... Il le faut, il vend !..

Arrêtons, on doit nous comprendre, nous ne voulons rien dire

de plus, seulement qu'il soit permis de comparer, en les rappro-
chant, l'homme aux 8,100 fr. et celui qui n'a rien ; même force,
même talent, même intelligence et même conduite. Mais au but
quelle différence, tandis que l'un vit heureux, considéré et satisfait, l'autre se soutient tant qu'il peut et use son énergie dans
une lutte incessante contre l'adversité ; que de déboires !... bal-
lotté par toutes les vicissitudes commerciales il passe sans transi-
tion, des plus douces espérances, aux plus cruelles déceptions,
encouragé par quelques-uns, méprisé par d'autres, en général
mal noté par tous ; alors, démoralisé, il n'aspire plus même à
atteindre le bord ; comme un vaisseau démonté, qui ne peut plus
servir, il demande qu'un coup de vent l'engloutisse, sous les flots
qu'il ne peut plus dompter.

Quel contraste avec le premier ! Voyez-le, retiré des affaires,
vivre joyeusement dans une petite habitation sur les bords fleuris
de la Seine ; il pêche à la ligne, fait l'ouverture de la chasse, et
intrigue pour être membre du conseil municipal de sa commune :
il le sera.

Cependant nous en faisons juge le lecteur, la main sur la
conscience, en dehors de toutes préventions, ne sent-il pas la
même sympathie pour l'un comme pour l'autre ? La différence
n'est-elle pas 8,100 fr.

Certes, nous n'avons point la prétention de vouloir dire qu'il
est impossible à celui qui n'a rien de faire quelque chose, surtout
s'il veut aller doucement ; mais, pour la fabrication, elle lui est
interdite, à moins qu'il ne veuille tenter la chance de 99 sur 100,
sur la route du pauvre diable que nous dépeignons ici.

Nous ajouterons, pour répondre à un dit-on assez répandu,
que l'on ne peut plus rien gagner à fabriquer de la chaussure.
Oui... il n'y a aucun bénéfice à faire, si vous êtes dans les conditions que je viens de démontrer, c'est-à-dire à la merci du vendeur et de l'acheteur, mais si vous possédez votre capital, qui
vous met à même de choisir le vendeur et de pouvoir attendre
l'acheteur ; joignez à cela que vous possédiez les connaissances
nécessaires et absolues qui constatent que vous êtes un bon fabri-

cant, nous n'hésitons pas un seul instant à affirmer que la chaussure est encore une des branches industrielles qui accordent le plus de bénéfices et qu'avec un capital tel que nous le demandons, l'on doit gagner, avec beaucoup d'ordre et d'activité, environ 10,000 fr. par année.

La chaussure étant une chose de première nécessité, ce qui veut dire vente forcée, il ne s'agit que de s'ouvrir des débouchés, chose facile dans les conditions que nous venons de démontrer, d'autant plus que nous n'avons rien exagéré sur les prix de revient que nous avons établis; il est au contraire bien certain que vous obtiendrez sur vos achats, une fois connu, un rabais sensible et de même sur les façons en faisant travailler en province ou dans les prisons, ce qui peut élever les bénéfices de 12 à 32 0/0.

Voilà, messieurs, des chiffres exacts, incontestables, que tous sont à même d'apprécier et qui donnent à réfléchir lorsque vous voyez des industriels très-capables animés des meilleurs sentiments de réussite, et des capitalistes désirant ardemment utiliser leurs fortunes, en aidant au savoir-faire, au commerce ; le premier à bout de ressources, découragé, n'ayant pu réussir, il doute de tout, et pourquoi? parce qu'il avait le savoir et qu'il lui manquait la puissance, *le capital*; le second est désillusionné, il n'a plus de confiance au chiffre, il ne croit plus en rien, c'est-à-dire, en terme vulgaire, il ne se laisse plus *monter le coup ;* on lui a tant de fois démontré des problèmes très-mathématiques qui n'ont abouti qu'à engloutir sa mise de fonds, principalement dans l'industrie de la *chaussure !* et pourquoi? parce qu'il avait la puissance et qu'il n'avait pas le savoir, la connaissance du métier.

Je termine par cette conclusion, qui est dans ce seul mot : Confiance ! Oui, confiance, que le savoir-faire et le capital s'unissent mutuellement !

Il faut que l'industriel qui inspire au capital cette confiance soit considéré dans les entreprises faites par lui comme intéressé aux mêmes titres, c'est-à-dire associé aux mêmes chances que le capital lui-même.

Si l'argent est une puissance, un moteur indispensable, le savoir-faire en est une autre : si l'un donne sa confiance, l'autre donne son courage et son intelligence industrielle et commerciale ; or donc, entre le capital et le savoir-faire, il doit y avoir réciprocité de droits et d'intérêts.

CONCLUSIONS.

Qu'on n'aille pas croire que ce soit forfanterie ou manie d'écrire qui nous a entraîné à mettre sous les yeux du lecteur ce tableau exact jusqu'à la brutalité ; non ! c'est avec une conviction profonde et une connaissance parfaite des hommes et des choses du métier, aussi nous affirmons, et au besoin nous prouverons la sincérité de nos chiffres, de nos dires et de nos opérations projetées.

S'il y avait quelques chiffres qui laissassent un doute quelconque, nous invitons le lecteur à s'en référer à nous, car l'erreur ne pourrait porter que sur la différence de la qualité des marchandises. Toutefois, que l'on se rappelle que nos prix de revient sont établis sur une qualité supérieure, comme matières premières et comme fabrication en gros.

Dans une prochaine brochure, nous nous proposons de traiter un projet de solidarité, en commandite, entre tanneurs, corroyeurs, fabricant de chaussures et capitalistes ; projet qui, mis à exécution, rendrait un immense service à la consommation en lui livrant des chaussures excellentes, à des prix extraordinaires de bon marché, quoique donnant un grand résultat, comme bénéfice, à ses entrepreneurs réunis.

A bientôt !

NOTE

Nous avons omis de parler, peut-être à tort, de la chaussure militaire, car l'importance que lui donnent aujourd'hui les divers changement apportés à sa confection, obligent les gens sérieux de la fabrication à s'en occuper ; pour en dire un seul mot, nous ne reconnaissons aucune difficulté bien prononcée à ce genre de confection, en nous appuyant sur ce fait, que l'uniformité du travail et l'emploi des matières premières qui, dans presque tous les cas sont invariables, en facilitent l'exécution.

Il y a aussi la chaussure en tissus vernis. Quant à celle-ci, elle est jugée et condamnée. Nous ne voulons contester ni reconnaître en rien sa valeur. Seulement, 1° elle ne donne pas satisfaction au prix de revient, la différence avec le cuir est trop minime ; 2° le public n'en veut pas, à tort ou à raison ; nous disons avec raison, puisque cette chaussure ne donne des avantages ni aux fabricants de chaussures, ni aux capitalistes, et encore moins aux consommateurs ; elle ne peut être favorable qu'aux fabricants de tissus vernis, et nous dirons à ceux-ci : Utilisez votre tissu à un autre emploi ; — il n'est point propice à la chaussure.

Quelques mois après l'apparition de cette brochure, nous avons créé un journal le *Cordonnier-Industriel*, aujourd'hui le *Moniteur des Fabriques*. Dans les colonnes de cette feuille, demi-mensuelle, nous avons publié en plusieurs articles le projet de solidarité que nous nous proposions de publier en brochure. Les diverses idées faisant suite au capital et savoir-faire, trouvent incidemment leur place ici.

(Extrait du Cordonnier-Industriel, n° du 15 août 1861.)

AUX CAPITALISTES INDUSTRIELS.

En pensant à l'importance, l'utilité, le luxe, la fantaisie et la variation que comporte la chaussure, dont l'indispensabilité a dû commencer avec le monde pour ne finir qu'avec lui, nous nous sommes souvent pris à réfléchir et nous disions : il est impossible qu'une industrie qui offre de si sérieuses garanties par son utilité première et par la variation de ses modes, ne tente pas un jour quelques capitalistes pour l'exploiter conjointement avec quelques fabricants à leur profit et devenir millionnaires? Ne riez pas, et cessez d'être incrédules, les chiffres ne rient jamais; dites, redites tout ce que vous voudrez, tout ce que vous pouvez dire à ce sujet nous le savons. Si nous ne le savions pas, il nous faudrait une forte dose de hardiesse, et vous auriez bien le droit de nous bafouer si nous n'avions des arguments sérieux à vous produire pour vous expliquer les motifs qui ont empêché différentes réunions de travailleurs et de capitalistes à faire quelque chose de sérieux, tant au rapport des bénéfices, que sur la perfection du travail.

Nous nous engageons à vous démontrer la route certaine, théoriquement et pratiquement pour obtenir un résultat (qui paraîtra chimérique à ceux qui ne connaissent pas la fabrication et la consommation de la chaussure) tendant à la perfection du travail, ainsi qu'à la récolte de larges bénéfices.

EXEMPLE DÉMONSTRATIF :

Mise de fonds-espèces.	100,000 fr.
Crédit.	50,000 fr.
Total.	150,000 fr.

Admettons dix hommes associés collectivement, possédant ce capital destiné à exploiter la fabrication de la chaussure, embrassant en gros et en détail la cordonnerie tout entière, depuis les articles les plus communs jusqu'aux plus élégants.

Nous vous déclarons d'abord, que nous sommes pleinement convaincu de la réalité de notre système, discuté vingt fois avec des
hommes compétents, mais qui, comme nous, n'ont pour fortune
que leur industrie et la bonne foi, valeur inescomptable chez les
banquiers, qui cependant vaut peut-être mieux que certaines
qui ont les coudées franches à leur caisse. Il en est ainsi généralement, le capitaliste donne dans le panneau lorsqu'il est doré,
ou qu'il entend l'orchestre jouer de grands airs symphoniques
qui l'étourdissent, il passe sans entendre, conséquemment sans
comprendre, les arguments sensés que nous, petits logiciens
industriels, pouvons lui fournir. Quoi qu'il en soit, il n'en coûte
rien pour dire ce que l'on sait, ce que l'on pense, lorsque savoir et
penser ne peuvent nuire. Si le capital refuse sa confiance au savoir
ce dernier, de son côté, ne lui accorde pas la sienne. Ne soyez
donc pas surpris si nous voulons faire marcher de pair le travail
et l'argent, c'est qu'ils ne peuvent fructifier l'un sans l'autre.
Jusqu'alors, le financier intéressé à une entreprise industrielle a
toujours, presque toujours, exigé en compensation de sa mise de
fonds, une obéissance passive à sa manière de voir, aussi toujours, presque toujours, ces entreprises liquident, par profits et
pertes. Dans notre système d'organisation, petit ou grand, le capital ; nous l'acceptons comme puissance motrice, non diri-
geante. En un mot, il faut désormais qu'il obéisse s'il veut recevoir d'énormes bénéfices, réalisés loyalement et honorablement,
en se rendant utile à tous, et voici comment :

Laissez-nous la parole, vous aurez toujours assez de temps
pour nous réfuter à l'aise. Dans les dix sociétaires, nous comprenons deux bailleurs de fonds, deux tanneurs-corroyeurs
et six fabricants de chaussures. Les deux commerçants en cuirs
seront des hommes expérimentés dans leurs attributions, ils
achèteront en première main et dans les meilleures conditions
existantes, pour livrer à l'entreprise à 1/2 pour cent de commission ; ils s'engageront à ne vendre à personne avant qu'ils
n'aient alimenté les besoins de ladite société (et toujours dans
l'intérêt de l'exploitation) avec les marchandises les plus avan-

tageuses qu'ils auront achetées; en outre, il devront faire un apport de quinze mille francs; en retour, ils auront le droit d'exiger qu'aucun achat de marchandises ne puisse être fait sans leur intermédiaire; les marchandises seraient préalablement reçues, sauf inspection générale, par cinq sociétaires dont la présence de trois fabricants de chaussures serait exigible à la Commission.

Les deux capitalistes-bailleurs, devront fournir trente-cinq mille francs espèces, et cette mise de fonds leur donnerait droit à la participation pour un dixième dans les bénéfices nets produits par la société.

Les fabricants de chaussures, au nombre de six, entreront dans la société sans aucun autre apport que leur savoir industriel. Ces conditions consenties, la société se fonde.

Moyen exécutoire de fabrication et préliminaire à la production des bénéfices.

Jusqu'alors, toutes fois qu'une société s'est constituée pour fabriquer la chaussure, elle a englouti des sommes importantes sans profit pour personne, et pourquoi? parce que les capitalistes français sont des routiniers qui veulent toujours et quand même rester sur le vieux chemin quoiqu'il soit crevé et entouré de fondrières. Au dix-neuvième siècle, salarier la capacité comme un simple journalier, la prendre à l'heure, à la journée ou au mois! La véritable capacité industrielle n'acceptera jamais ces marchés, ou elle vous trompera, elle se dira la mal intentionnée en riant sous cape : ils en auront pour leur argent. Le savoir, le génie, l'art, l'industrie et le commerce, s'ils subissent de sérieuses gênes, s'ils éprouvent et qu'ils bravent de grandes pertes et de grandes déceptions, c'est qu'ils espèrent une véritable aisance; comptant réaliser de gros bénéfices ou obtenir de grands succès, ils escomptent l'imprévu, il en risquent les chances; il ne savent jamais la veille ce qu'ils gagneront le lendemain, ils ne doivent pas le savoir; n'essayez donc plus de considérer et d'assimilier l'intelligence comme un mercenaire en l'employant à tant l'heure, quel que soit le chiffre : elle doit et veut être votre associée, elle a raison. Sa force, c'est son savoir et sa volonté d'exécution, comme votre puissance à vous, financier, c'est votre argent ; sinon, si vous persistez à vous en servir comme employée, comptant sur votre surveillance et les connaissances que vous croyez avoir du métier, connaissances que les roués vous supposent pour mieux vous tromper ; figurez-vous alors tenir dans votre main un couteau par la lame et que vous devez serrer, de crainte qu'il ne s'échappe ; naturellement, plus vous serrez, plus il vous entre dans les chairs : la comparaison est sensible mais elle est vraie. C'est ce que vous avez fait; là où il faut des associés intéressés autant que vous, ni plus ni moins, vous avez pris des journaliers. Avec cette façon d'agir, nous vous défendons, entendez-vous bien, nous vous défendons de réussir, (nous ne parlons que de la chaussure, bien entendu). N'essayez point les demi-mesures, elles ne vous réussiront pas mieux ; chefs ou servants, l'entre-deux trahit les deux partis, chacun suivant l'inspiration de son intérêt ; si nous traitons la chose généralement, c'est que l'exception est rare.

Réunissant entre eux toutes les conditions de capacité voulues et spéciales pour ce qu'ils entreprennent, possédant un capital de 100,000 fr. et un crédit de 50,000 est-il admissible que dix hommes liés par un acte sérieux, n'obtiennent pas de brillants résultats ? D'abord ils organiseraient un atelier où le travail serait catégorisé, chacun aurait une place en rapport avec ce qu'il sait faire, et ce qu'il fait le mieux, les ouvrages faciles seraient réservés aux femmes ainsi qu'aux jeunes garçons. Autant que possible, tout aux pièces ou au marchandage, les coupeurs à la tâche sous la surveillance d'un chef qui serait un des six fabricants sociétaires, aucun travail, aucune marchandise ne serait reconnue propriété de la société pour être donnée à la main-d'œuvre ou être mise à la vente, que lorsqu'elle aurait été reçue par tous les sociétaires réunis, qui, à cet effet, fixeraient une heure d'un jour de la semaine ; des mesures réglementaires justes et précises seraient prises pour qu'aucune infraction, tant minime fût-elle, ne portât atteinte aux intérêts de la société, que le plus faible détournement ou gâchage ne pût se faire. Tout ceci est très-possible, nous dirons même facile, dans une réunion de dix intérêts divisés ne formant qu'un, se pénétrant que la plus petite économie doit être la plus recherchée : dans ces conditions, nous n'hésitons pas à prédire à cette entreprise un avenir le plus vaste et le plus considérable de tout ce qui existe en commerce de chaussures.

Voilà à quelque chose près un aperçu sommaire du point de départ de cette fabrication projetée ; les marchands associés auront intérêt à livrer à la société des marchandises au cóurs, et toujours de bonne qualité, sous peine d'être refusées par leur co-associés ; ayant tout en main pour fabriquer dans les conditions les plus avantageuses, les fabricants de chaussures ne pourront faire que de la bonne fabrication, les bailleurs devront exercer une surveillance très-active sur l'administration. Toutes ces causes seront obligatoires par le fait de la responsabilité des uns pour les fautes ou les erreurs que pourront commettre les autres.

Nous disons aussi que la mise de fonds ne donnerait droit à aucun intérêt ni indemnité pendant les quatre premières années d'existence de ladite société. A cette époque, les bailleurs financiers, au nombre de deux, reconnus par la société, entreront dans les bénéfices au marc-le-franc, ce qui veut dire que le chiffre de trente-cinq mille francs donne droit à un dixième, de bénéfice ce qui n'empêcherait nullement de se réunir, n'importe quel nombre, pour obtenir la somme. La quatrième année, après inventaire, si les bénéfices réalisés n'atteignent pas cinquante mille francs à l'avoir des deux prêteurs capitalistes, ils auront droit d'exiger un remboursement immédiat des sommes prêtées et des intérêts ; dans le cas contraire, leurs fonds seront engagés pendant six ans, les quatre années écoulées comprises, et à cette époque, si les bénéfices de chacun des deux prêteurs s'élevaient au chiffre de cent cinquante mille francs, les prêteurs, sociétaires, financiers, devront renoncer au remboursement des avances en espèces et intérêts qu'ils ont faites à la création de la société. Cet abandon se justifierait par la compensation des travaux bien dirigés de leurs six co-sociétaires.

N'accusez pas de chimères les chiffres que nous annonçons, ils sont tous véritables ; vous en serez convaincus, lorsque nous vous aurons fait connaître les moyens que l'on devra employer pour assurer l'écoulement des produits de la fabrique ; ils ne peuvent être chimériques qu'à une seule condition, qui est que les individus possèdant les moyens de mise à l'œuvre, ne s'abstiennent, soit par crainte de perdre leur argent ou par ignorance : l'un vaut l'autre.

Extrait du Cordonnier industriel, n° du 1er septembre 1861.

Sitôt l'acte signé et les formalités exigées par la loi, remplies, les sociétaires entreraient immédiatement en fonction. La première chose qu'ils auraient à faire serait de monter l'atelier ; la seconde, d'organiser et d'agencer un magasin central au centre de Paris ; la troisième, de mettre en mouvement tous les moyens de publicité et de propagande que les charlatans de l'industrie exploitent si bien, et qui, pour cette société seraient la réalité ; ce magasin central alimenterait trois dépôts qui seraient placés à distance, pour desservir un plus grand nombre et être à la portée du consommateur, ces dépôts prendraient titre de *succursale* de la grande fabrique *nationale*. Nous le répétons, comme double contrôle et pour garantir la bonne confection, aucun article ne serait mis à la vente qu'après avoir été vu et adopté par les sociétaires réunis, il en serait de même pour les prix de revient qui seraient établis en commun et additionnés avec les frais généraux, tout cela se ferait très-strictement et avec connaissance de cause. Au prix reconnu, l'on ajouterait 20 0/0 qui seraient les bénéfices, y compris ceux du *tanneur*, du *bailleur* et *du fabricant ;* pour la vente en gros, soit au marchand de chaussures ou aux commissionnaires-exportateurs, l'on ferait une remise de 5 pour 100, sur le prix du détail.

Si nous sommes assez heureux pour être compris, nos lecteurs sont obligés de dire avec nous : que la concurrence contre la société des DIX est insoutenable. Remarquez bien que, non-seulement nous réaliserions de gros bénéfices, mais encore nous resoudrions un grand problême : faire bien, faire beaucoup, livrer à la consommation des produits supérieurs à des prix comme il n'en a point encore existé, c'est bien mériter de l'humanité, et notez bien que vous mettrez des souliers aux pieds de gens qui n'en portent point ou peu, tout en vous enrichissant ; mais il vous voteront des remercîments, les uns pour le confortable, les autres pour l'économie que vous apporterez à leur bourse.

Ne perdez pas de vue les grandes affiches, les prospectus ronflants ; en marche, les annonces dans les grands journaux, des coureurs à domicile, appointés ou à la remise, enfin, beaucoup d'autres moyens d'action que l'on apprend en le faisant ; par exemple, l'on vend à garantie, les réparations se feront de droit dans les succursales où le consommateur aura fait son achat, les prix seront tarifés et placardés dans chaque succursale. Ce moyen doit donner au client-acheteur sécurité et confiance ; en outre les réparations donneront assez de bénéfices pour compenser les frais occasionnés par les hommes de magasin, dames de comptoir, demoiselles de vente, qui entreprendront les travaux de réparations à leurs risques et avantages.

Nous marchons toujours, ouvrant des succursales suivant le besoin.

La place de Paris, à quelque chose près (comme marchands de chaussures, toujours bien entendu), vous appartient, ou elle ne tardera pas à vous appartenir. Il faut ensuite attaquer la province, et ne pas y aller de main morte ; agencer des magasins correspondants dans les grands centres de la France, par les mêmes procédés que ceux de la capitale, et toujours sous la direction du magasin central.

Combien supposez-vous qu'il vous faudrait de temps pour obtenir ce résultat ?

Vous ne resterez pas longtemps dans l'incertitude.

Nous sommes assurés, d'après certaines combinaisons, que vous y mettrez deux années ; il vous en reste autant pour arriver à l'époque où la société est engagée vis-à-vis elle-même à réaliser par inventaires, pour satisfaire aux droits des bailleurs.

Que doit-elle faire, s'arrêter ou marcher ? Elle ne peut s'arrêter ; comme le Juif-errant, forcée à la marche par un tourment continuel des affaires, elle est poussée en avant par des intérêts qu'il ne lui appartient plus de compromettre. La troisième année vous établirez un dépôt-succursale dans les quatre-vingt-neuf départements, qui seront tous sous la direction de l'administration centrale et l'inspection du savoir industriel de nos six fabricants, qui, ce jour, auront recours pour alimenter les besoins et les demandes du consommateur, à tous les moyens de grande fabrication :

L'atelier et le marchandage en province !

Le travail dans les prisons !

Dans telle localité il y a chômage, vite ils délèguent un des leurs qui traite avec A ou B pour la fabrication de tel ou tel article, dans les conditions les plus avantageuses pour la Compagnie. Si la concurrence nous oblige en faisant travailler, de limiter et restreindre le salaire, nous ne remplissons et ne rendons pas moins un véritable service à la société et aux individus en trouvant par notre organisation un moyen de leur donner du travail, sans obligation de quitter leurs localités.

Je crois que c'est le moment de nier ou de croire, l'un et l'autre ne coûte rien.

Nous n'admettons pas ces deux cas.

Nier, n'est pas prouver un tort.

Croire, n'affirme point que l'on ait raison.

Nous préférons une conviction raisonnée quelle qu'elle soit.

Pour nous, le système que nous émettons ne comporte pas l'ombre d'un doute.

S'il n'est point dû à nous de le voir à l'œuvre, il n'en est pas moins l'avenir, sauf modification de la part des entrepreneurs.

Toute la puissance humaine ne pourrait faire remonter un fleuve à sa source.

De même il est impossible à tous les cordonniers réunis d'empêcher la cordonnerie de se transformer.

Nous l'avons dit, elle a brisé la ceinture qui l'étouffait, et maintenant il lui faut de l'air pour suffire à sa forte respiration.

Comme il faut toujours conclure, nous allons en quelques mots vous donner un aperçu des bénéfices probables que cette société aurait obtenus, à l'échéance de sa quatrième année.

Elle posséderait à cette époque cent maisons de vente sur une étendue et à portée de pouvoir desservir nos quatre-vingt-neuf départements, peuplés de 38 à 40 millions d'habitants. Admettons pour un moment, tout en protestant contre cette qualification, que nos sociétaires soient des charlatans, supposeriez-vous avec la modicité de leur prix, la supériorité de leurs produits, (en ajoutant le son de trompe ou le coup de caisse du village, et la protection municipale comme marchands forains patentés, propriétaires d'une manufacture), qu'ils ne recevraient pas la visite de 2 millions de personnes qui, dans l'espace de ces quatres années, ne les visitant qu'une seule fois, ne leur laisseraient pas au moins un franc chacune, ce qui constituerait un bénéfice net de 2 millions de francs.

C'est clair, c'est encourageant ; un pareil chiffre à partager en dix parts égales, c'est juste deux cent mille francs chacun ; il n'ont plus qu'à doubler l'étape et les voilà millionnaires, l'appétit vient en mangeant, ils le seront : alors ils se retireront et céderont l'établissement aux dix plus capables qui les auront aidés dans leur entreprise. Prenez note que, pour éviter la préséance et la rivalité, toutes fonctions supérieures seront données au mérite et au savoir en procédant par le concours. Voilà, chers lecteurs, un projet d'imagination, et si vous le désirez, un projet positif : nous en avons les moyens à l'étude.

La Cordonnerie de 1830 à 1863.

SALAIRE COMPARÉ

PAR ANDRÉ RATOUIS

Pour traiter une question aussi grave que celle des salaires, il faut être bien sûr de soi, bien certain de posséder son sujet. — Nous n'avons pas l'intention d'aborder la question d'économie sociale, nous ne le pouvons pas. Nous n'accompagnerons donc nos chiffres d'aucune réflexion.

La première partie de ce travail passera en revue l'état professionnel, industriel et commercial de la cordonnerie, à dater de 1830 jusqu'à 1848.

La deuxième partie traitera du travail à la commission, comparé à celui sur commande.

La troisième, de l'avénement définitif de la chaussure rivée ou vissée, et de leur avenir.

La quatrième, la fabrique et le travail libre.

PREMIÈRE PARTIE.

Nous voulons être précis, et, pour l'être sérieusement, nous vous poserons un tarif comparatif des *façons* payées en 1840 et de celles payées en 1863 :

HOMMES.

En 1840.			En 1863.
			Le Mois.
1er coup. la semaine. 25 » à 35 »			1re cl. Contre-maître. 200 » à 300 »
Garçon de boutique . 16 » 22 »			2e classe . . . . 120 » 160 »
Façon de bottes écuy.			1re cl. Coup. Semaine. 35 » 45 »
à gr. contref. Paire. 11 » 18 »			2e classe . . . . 20 » 30 »
— Bottes ord. vernies 8 » 14 »			Façon de bottes écuy.
— veau. 4 50 9 »			vernies. La paire . 30 » 40 »
Remontage . . . . 3 50 6 »			— veau . . . . . 12 » 20 »
Souliers à talons . . 2 » 3 »			— Bottes ord. vernies 10 » 17 »
— 1¡2 — . . 1 60 2 50			Bottines . . . . . 4 » 12 »
— 1¡2 sans chev . 1 40 1 75			Soul. vern. à élast. . 4 » 6 50
			— vernis ordin. . 3 40 5 75
			— veau à élast. . 3 » 6 »
			— — ordin. . 2 50 5 »

DAMES.

En 1840.			En 1863.
Bottines escarpins . . 1 50 à 3 »			Bott. esc. à tal. Louis XV 7 » à 10 »
— doub. semelle . 1 75 3 50			— double semelle . . 8 » 12 »
Souliers noirs . . . » 90 2 »			— esc. talons ordin. . 2 25 5 »
Souliers grattés . . . » 80 2 »			— doub. sem. à tal . . 2 50 6 »
Socques demi-talons . 2 25 4 »			— escarp. sans talons. 1 50 4 »
— à liége . . . 3 50 6 »			— doub sem. — 1 75 5 »
Soul. escarp. satin turc.			Chaussons . . . . . » 25 1 30
et prunelle. . . 1 » 1 75			Pant., mules, tal. L. XV. 6 » 7 »
Chaussons cuir ou satin. » 40 » 75			Bottines à liége à talons 5 » 8 »

Nous ne comprenons point dans ce tarif la rémunération du travail exécuté dans quelques parties de la France, principalement dans les campagnes, où l'ouvrier est logé et nourri à *demi*. Il nous est complétement impossible, au point de vue où nous voulons traiter le sujet, de tenir compte de cette particularité, qui mérite bien certainement que l'on s'en occupe. Mais chaque chose a sa place ! et ici, c'est une chaire d'enseignement où l'on doit, sans se presser, discuter tout ce qui se rapporte de près ou de loin aux intérêts du professionnat industriel.

Le prix des façons accordées et convenues dans la cordonnerie est très-variable ; chaque ville, chaque localité, a des prix différents, quoique le travail ne diffère qu'en très-peu de choses.

Ce qui, nous croyons, doit produire cette différence de salaire, ne doit être que la rareté des ouvriers. Car cette différence existe sans grève et sans contestation.

En 1840, les ouvriers cordonniers aimaient beaucoup à voyager, à cet effet, ils s'étaient tracé un itinéraire qu'ils appelaient le *Tour de France*, et, qui en réalité, ne comprenait pas plus d'un quart des villes de la France.

Cependant, en prenant pour sujet de comparaison les faits tels qu'ils étaient alors dans ces même villes, nous serons certainement dans le vrai pour toute la France, d'autant que les ouvriers cordonniers des localités en dehors de cet itinéraire se faisaient un plaisir, souvent un devoir, de le parcourir (*le Tour de France*) ou du moins d'en visiter les villes les plus proches de leur contrée.

De ces faits il résulte ceci : que les villes, les grands centres qui se trouvaient compris dans l'itinéraire qui composait le *Tour de France*, n'étaient rien moins que des lieux de réunion où la cordonnerie envoyait ses adeptes, nous ne dirons pas pour faire leur apprentissage, mais y puiser la science du métier, puis ensuite la rapporter dans leur localité ; et cet espoir était rarement déçu.

Les villes situées dans le midi de la France ne fournissaient à l'époque dont nous parlons qu'un très-faible contingent d'apprentis à la cordonnerie ; les jeunes gens de ces localités manifestaient une aversion générale pour cette corporation. Aussi, étant obligées d'avoir recours aux voyageurs pour satisfaire à leurs besoins, devaient-elles les rétribuer en conséquence, et c'est ce qu'elles faisaient. De sorte que le taux élevé des façons attirait le touriste, et l'engageait à séjourner un certain laps de temps dans cette partie méridionale de la France.

Tout le contraire se manifestait dans les contrées de l'Ouest. Le taux des façons y était des plus bas, et le gros de l'armée de la cordonnerie s'y recrutait. C'est, il faut le reconnaître, que la jeunesse mâle de ces provinces n'avait rien de l'aversion qu'avait celle du Midi pour notre honorable et utile industrie.

Aujourd'hui l'équilibre des façons s'est pour ainsi dire établi partout, et cependant il se fait moins d'apprentis, et le *Tour de France* n'est plus qu'un mot. Encore quelques années, et le gouffre béant de la machine, réuni à la force motrice de la *grande fabrique*, l'aura complétement absorbé et fait disparaître.

Mais que l'on se rassure, le *Tour de France* a produit de trop bonnes choses pour qu'il s'efface sans laisser des traces, et ce n'est point nous, qui lui devons en partie tout ce que nous avons vu et tout ce que nous savons, qui négligerons de lui marquer sa place dans l'*Histoire de la France industrielle*.

D'après le tarif que nous vous soumettons, nous allons vous dépeindre l'intérieur d'un atelier de cordonniers dans l'*Ouest*, et ensuite celui d'un atelier dans le *Midi*.

Nous sommes, en 1845, à Angers, Nantes ou Saumur, etc. etc.

Cinq ouvriers cordonniers travaillent dans la même chambre, ils font la même besogne, et ce travail est une paire de bottes noires en veau, qui est payée 5 fr. 50 c. ou 6 fr. : ce sont les premières façons dans ces villes. La confection de ces bottes est très-chargée ; elles ont des jokos, elles sont jointes en dessus, ou si elles sont jointes en dedans, il faut y ajouter des *biribis* ou pour le moins des *paillettes*. Les talons sont très-hauts, les bouts sont plats et débordés de deux centimètres de la forme. Eh bien ! malgré les difficultés du travail, il y en a un sur cinq qui façonne une paire de ces bottes dans l'espace d'une journée et demie ; deux qui y mettent deux jours, et un à qui quatre jours suffisent à grande peine (quinze heures de travail par jour).

Le salaire de la journée de chacun se répartit donc ainsi : un à 4 fr., deux à 3 fr., deux à 2 fr. et un à 1 fr. 50 c. Chaque paire de bottes demande en moyenne une dépense de fourniture qui ne peut être évaluée moins de 40 c.

A côté de ceux-ci, vous avez un nombre égal d'ouvriers qui font des souliers en veau, pareillement joints en dessus ou en dedans, recouverts d'une garniture. Les *pieds* de ces souliers sont à talons, à point couvert et boîte piquée. **La façon de ces souliers est de 2 fr. 25 c.** Il y en a dont l'habileté leur permet d'en faire une paire dans leur journée, tandis que nous en avons vu à qui trois jours ne suffisaient pas. Les malheureux étaient obligés de se suffire avec 70 c. par jour. C'est vrai ! !

Les façons et les différences étaient les mêmes pour les *ouvriers de femme*; cependant les plus faibles n'atteignaient point un degré de salaire aussi infime que ceux qui travaillaient à la partie d'homme.

Nous avons analysé la composition et les différentes opérations du travail dans un atelier taxé au minimum du salaire.

Transportons-nous maintenant avec les mêmes ouvriers, les mêmes capacités et habiletés dans une ville du *Midi*, Marseille ou Toulouse, etc. etc.

Nous avons vu confectionner les mêmes pièces d'ouvrage ; nous ne dirons pas un semblable travail, car dans ces contrées, les *façons* sont moins chargées, et les *cuirs* qui s'y consomment sont d'un emploi plus facile.

Dans ces localités, le salaire atteint le maximum, tandis qu'à l'autre extrémités de la France, l'*Ouest* ou le *Nord*, le salaire reste au minimum.

Mais me direz-vous, sans doute que dans l'*Ouest* et le *Nord* l'existence y est de beaucoup meilleur marché ?....

Non ! Seulement ici, il y a satisfaction, tandis que là-bas il y a privations.

En ce cas, les patrons cordonniers de cette époque, et qui habitaient les localités de l'Ouest, avaient une chance beaucoup plus grande de faire fortune que ceux qui habitaient celles du Midi ?...

Non ! c'est encore une erreur ! Dans l'une comme dans l'autre contrée, presque tous les maîtres cordonniers cessaient de travailler quand ils ne voyaient plus clair ; à leur mort, leurs héritiers devaient se contenter, pour la plupart, de la probité réputée du *brave* défunt. Hélas !... bonne renommée...

Cette différence de prix ne profitait point à la cordonnerie, qui livrait ses produits à la consommation, en rapport du prix coûtant et avec des bénéfices trop restreints. La cordonnerie a toujours travaillé consciencieusement, quoi qu'en dise le vulgaire !

La fabrication pour la consommation française était alors dans son état d'enfance, et l'exportation était loin d'avoir l'extension qu'elle possède aujourd'hui. Il n'y avait qu'à Paris, Nantes et Marseille où l'on fabriquait des chaussures à la *grosse.*

Ainsi l'ouvrier cordonnier ne devait attendre ou espérer du travail, dans la presque généralité de la France, que de la consommation locale ; aussi avait-on souvent ou du chômage ou trop de presse. La commande n'étant pas régulière, l'occupation ne pouvait être assurée.

C'est donc avec peine que nous écrivons qu'au moment où la cordonnerie était à ses plus beaux jours, comme art et talent, chez les patrons et chez les ouvriers, elle avait à lutter contre la disette du travail ; c'est ce qui amena l'abaissement du salaire.

Il est inutile de rappeler ici les services que les sociétés compagnoniques ou autres ont rendus à la production. Ces sociétés étaient organisées et échelonnées de distance en distance ; se correspondant entre elles, et ayant un point central d'où sortait le mot d'ordre général qui indiquait la conduite à tenir ; pas une seule étape formant anneau à cette petite chaîne sociale ne faisait rébellion à l'ordre donné et reçu : l'obéissance passive était la base principale de la constitution des sociétés.

Les ouvriers cordonniers qui désiraient voyager étaient obligés de faire partie de l'une de ces sociétés compagnoniques ou autres.

— Ce n'était qu'à Paris que l'ouvrier voyageur pouvait trouver de l'occupation sans se soumettre à cette obligation. — Chaque étape était visitée par l'ouvrier-sociétaire passant, et si un patron avait besoin de son savoir, celui-ci devait y séjourner quelque temps, et, s'il s'y refusait, il se rendait passible d'une répression réglementaire très-sévère.

De leur côté, les maîtres cordonniers de la province qui demandaient au chef-lieu de la société qu'il leur fût envoyé un ou plusieurs ouvriers, devaient se soumettre au tarif de la ville qu'ils habitaient et remplir exactement les conditions que la routine avait établies et maintenues dans la localité. S'ils s'y refusaient, qu'ils eussent demandé des ouvriers sans en avoir sérieusement besoin, ou qu'ils ne voulussent pas accorder aux ouvriers qu'on leur avait envoyés ce que l'habitude avait consacré, qu'arrivait-il ? — Il arrivait, pour la première fois, qu'on leur adressait un rappel à l'observance des engagements pris de bonne foi : et s'il y avait récidive, une mesure énergique était prise à leur sujet : *on défendait leur boutique !*

« La défense d'une boutique » n'était point un fait isolé, sans portée : au contraire, cet arrêt était grave, et souvent il en résultait que celui qui était sujet à cette rigueur, s'il ne consentait pas volontairement à se soumettre aux conditions qui lui étaient imposées, pouvait craindre la ruine de son établissement. Aussi son exécution était d'autant plus facile qu'elle paraissait naturelle.

Aucune loi dans le code, aucun décret de simple police ne peut contraindre un ouvrier voyageur à quitter une ville pour aller travailler dans une autre, pas plus qu'il n'a puissance de forcer un patron à céder un de ses compagnons à un de ses confrères.

Les sociétés organisées de la corporation étaient positivement souveraines ; aussi dans leur action, ne prononçaient-elles l'exclusion d'une boutique qu'avec beaucoup de circonspection, et encore cette exclusion n'était-elle valable que pour un temps limité.

Si la peine paraissait sévère pour les patrons rebelles au règlement des conditions de travail que leur imposaient les sociétés du *Tour de France*, croyez bien que ce règlement ne manquait point de rigidité envers les sociétaires qui n'obéissaient pas *passivement*.

Exemple : Un des membres actifs de la société était-il placé dans une cité de son choix dans laquelle, en rémunération de son travail, le salaire était très-lucratif, ou s'était-il créé des relations intimes ; enfin, avait-il contracté des habitudes qui dans certains cas, semblent presque indispensables au bonheur de la vie ? — Si ce sociétaire recevait l'ordre de quitter la localité de son choix pour aller prendre *place* dans la boutique de M. tel (à vingt ou quarante lieues de là, et quoique sachant qu'il ne pourrait y gagner de quoi lui suffire), il devait se résigner. L'ordre social était un commandement, et, sous peine d'encourir les rigueurs du règlement qui comprenaient le bannissement de la société et l'abandon de ses camarades, il fallait obéir !... Aussi le sociétaire, qui se révoltait contre les arrêts sociaux, s'il n'accusait point une intelligence ou une capacité industrielle supérieure pouvant le placer au-dessus d'une position fâcheuse, était-il obligé de se réfugier dans les campagnes ou de travailler à des conditions onéreuses.

Voilà vingt ans de cela ! Aujourd'hui, la locomotive et la fabrique ont changé la face des choses ; car nous ne croyons pas qu'il existe encore des règlements et des habitudes de ce genre, en admettant qu'il s'en rencontre encore, ces abus deviendraient lettre-morte. La liberté a tout envahi !

Les faits ne sont plus les mêmes. La cordonnerie actuelle est placée dans des mains industrielles, avec une organisation sérieuse qu'on ne connaissait pas alors.

Avant de terminer la revue de notre corporation, de 1830 à 1848, disons quelques mots sur les tentatives qui ont eu lieu à diverses époques et en plusieurs endroits pour obtenir une augmentation de salaire.

Dans la presque généralité des villes de France, et dans l'espace de temps qui sépare 1830 de 1848, des *grèves* ont été organisées, et toutes ou presque toutes ont donné pour résultat le contraire de ce qu'en espéraient les moteurs, c'est-à-dire qu'on ne recueillit que des poursuites judiciaires, des emprisonnements, des trahisons, des haines, de longs chômages, et, pour couronner l'œuvre de ce désastre , l'*abaissement des façons !*

Si les sociétés organisées possédaient un moyen, soit par leur constitution réglementaire , soit par le recrutement de leurs membres, d'échapper à toute espèce de poursuite judiciaire quand il s'agissait de défendre une boutique, il n'en était pas de même lorsqu'il était question de commander, d'organiser et d'entretenir une *grève*.

Quand, dans une localité quelconque, il était reconnu et décidé qu'une augmentation de salaire devenait utile, nous dirons même indispensable aux besoins de l'existence, les sociétés rivales, *siégeant* dans la ville, se consultaient et, chacune de son côté, nommait une commission ayant pour but de se réunir et de prendre les mesures nécessaires qui devaient, en cette cité, précéder l'état de grève.

Mais ce qui était supérieurement déplorable en ces circonstances, c'est que si la grève *décrétée* paraissait utile, souvent (nous dirions presque toujours) elle devenait impossible ; aussi, dans ce cas, — en principe, — elle était condamnée par les hommes qui l'avaient fomentée, attendu qu'elle se recrutait d'é-léments hétérogènes.

Les sociétés rivales qui, la veille, au grand scandale de l'humanité, s'entr'égorgeaient pour un mot prétentieux ou pour un hochet, se rapprochaient le lendemain, et signaient un pacte d'alliance. Étant d'accord, la commission mixte faisait convoquer une réunion générale de tous les cordonniers travaillant en qualité d'ouvriers. Ces sortes d'assemblées se tenaient ordinairement dans une auberge hors la ville, et là, tous indistinctement, juraient leur *grand Dieu* et la *grande Sainte-Vierge* que jamais ils ne dévoileraient le motif de leur réunion.

Ils le promettaient bien, et ils le voulaient de même ; mais promettre et tenir, c'est bien différent, et vouloir et pouvoir n'est pas facile !

Sans faire ici aucune critique malveillante, — nous nous en garderions bien, — nous tenons trop à traiter sérieusement cette question, et notre tâche, ici, n'est pas sans difficulté !... Donc, nous dirons qu'il est urgent que, lorsqu'on veut obtenir un résultat, on doit employer les moyens qui offrent le plus de chances de réussite.

Ainsi, pour réunir, dans une ville de province surtout, tous les ouvriers de la corporation, il fallait choisir l'endroit, le jour et l'heure les plus favorables à chacun d'eux. C'était dans l'espoir de les voir tous accourir, que l'assemblée se tenait dans une auberge, comme étant un lieu public et connu, et le lundi, vers sept heures du soir, était·le jour et l'heure ordinairement choisis, afin d'amener moins de dérangement.

Pour un certain nombre, ces sortes de réunions équivalaient à une petite fête, et c'était naturel; aussi, quelques libations accompagnaient-elles de près les chaleureux toasts qui avaient été portés à l'augmentation des façons, à l'élévation des salaires, etc. Tout, jusque-là, allait pour le mieux, si plusieurs imprudents n'eussent point le même soir, l'un à sa femme, l'autre à son cousin, voire même à son patron, et toujours sans mauvaise intention, débité tout ce qui avait été dit et convenu dans l'assemblée.

Les patrons, avertis, se rassemblaient; les plus intéressés (ce sont souvent les plus riches), fesaient des propositions fulminantes : « L'autorité sera instruite; l'on résistera quand même ! devrait-on, pour se procurer des ouvriers, doubler le prix de façon et aller les *débaucher* à Quimper-Corantin ou à Béziers ! » La lutte était engagée, et, de part et d'autre, il fallait la soutenir.

Les sociétés s'engageaient à payer une indemnité de tant par jour à chaque ouvrier de la ville qui, n'appartenant à aucune société, observerait strictement le chômage.

Des visiteurs étaient chargés de surveiller ce qui se faisait ; ce qui n'empêchait point qu'il ne s'établît une espèce de contrebande; on feignait de renoncer aux travaux, et l'on travaillait quand même. L'indemnité se payait parcimonieusement.

Mais les emprisonnements jetèrent la perturbation dans la famille de l'ouvrier; la fille ou la mère du plus tenace à sa parole donnée, fléchissait et entrait en pourparlers avec un des patrons qui poussaient à la résistance avec acharnement ! Pas de concession ! disait ce dernier, et, le lendemain, il faisait des propositions à *Jean*, qui est bon ouvrier, et qu'il convoitait depuis quelques années; il profitait de l'occasion pour le *débaucher* de chez son confrère.

Il est scandaleux, on le sent, d'écrire ces lâchetés, mais puisqu'il en était ainsi, pourquoi le tairions-nous?

Non, les *grèves* qui ont été provoquées dans la cordonnerie n'ont point donné le résultat qu'on se promettait d'obtenir. Elles ont occasionné de nombreux emprisonnements, coûté des sommes énormes et suscité des trahisons. Il était rare que les compromis passés entre les sociétés rivales n'eussent point été violés par l'une des parties contractantes avant l'expiration du mandat; c'est ce qui attirait des contestations, des querelles et des rixes.

DEUXIÈME PARTIE.

Le travail de la commission comparé à celui sur commande.

Y a-t-il avantage, pour l'ouvrier, de fabriquer de préférence des chaussures de commission?

Là est la question ; pour la résoudre, il faut autant de prudence que de réflexion.

Si nous consultons les faits matériels, nous voyons tels de nos confrères quitter la *commande* pour la *confection*, et *vicè versà*.

En principe, nous ne pouvons admettre que l'ouvrier cordonnier travaille seulement pour la gloire! Le principe du travail étant le salaire, gagner de l'argent le plus possible en doit être la conséquence.

Il serait bien novice celui qui, à notre époque, préférerait un compliment à une pièce de vingt francs justement et laborieusement gagnée.

Si nous comprenons qu'on agisse sans intérêt, par amour de l'art, nous n'hésitons pas à déclarer que notre métier n'est pas artistique au point d'autoriser ses ouvriers à un semblable désintéressement. La cordonnerie est utile. C'est assez!!

Recherchons maintenant les avantages de chaque genre de travail.

Nous commencerons par celui de la commande.

Les heureux résultats que présente, à l'ouvrier, le travail sur commande, c'est le prix des façons qui, en moyenne, est d'un tiers plus élevé. Néanmoins, il faut tenir compte de quelques considérants qui, d'après les appréciations du plus grand nombre, contrebalenceront, avec perte, les avantages plus apparents que réels.

Disons quelques mots sur ces considérants.

D'abord, la grande majorité des ouvriers travaillant pour *pratiques*, est assujettie à de fréquents dérangements, occasionnés par la nécessité de livrer au patron la paire de chaussures qui lui a été confiée pour la confectionner, et qui, souvent, doit être livrée le même jour au client.

Ensuite, le travail sur commande comporte une exécution qui exige une série d'observations, de détails, réclamant de la part de l'ouvrier, qui tient à travailler consciencieusement, une application sérieuse et souvent difficile!

Les bons ouvriers travaillant pour commande deviennent de plus en plus rares, et tout laisse présager que, si l'on n'y prend garde, la rareté se produira graduellement encore davantage.

Suivant nous, le seul et unique moyen à employer pour conserver les bons ouvriers et encourager l'apprentissage, est d'élever les salaires à un chiffre tel, que ceux accordés par la commission, ne puissent les atteindre!

Les avantages que rencontre la cordonnerie ouvrière sur le travail à commission se résument ainsi : Point ou pas de dérangement, et uniformité presque invariable dans son ouvrage.

Ordinairement, les maisons de commission donnent aux ouvriers qu'elles emploient, de l'occupation pour une semaine, ce qui permet à ces derniers d'habiter les environs de Paris, si bon leur semble, soit par économie, soit par goût.

Il se rencontre souvent que, pour confectionner quatre ou six pièces d'ouvrage, l'ouvrier n'ait qu'une seule *pointure*, ce qui, sur six pièces d'ouvrage, équivaut à une économie de temps (comprenant seulement le brochage et la conformité du travail) qu'on ne peut évaluer moins de *huit* heures ! Absence complète d'observations de détail. Les formes qui servent à faire les travaux de commission sont exécutées de manière à ce que l'ouvrier puisse en observer le genre.

Nous comprenons dans cette comparaison la moyenne et la haute confection.

Quant aux travaux de fabrication d'articles communs, il est urgent de voir pour croire. Aussi, ce que nous écrivons, nous l'avons vu, et il passe encore chaque jour sous nos yeux. Nos lecteurs peuvent donc s'en rapporter à notre affirmation.

L'article pour femmes est celui qui se fabrique le plus dans le genre des communs. Les tours de force que font certains ouvriers, qui se livrent à ce genre de travail, sont aussi incompréhensibles que fabuleux.

Un bon ouvrier, possédant toute l'habileté possible, et auquel il a fallu dix ans d'apprentissage pour connaître ce qu'il sait, ne pourra, malgré son intelligence dans les ouvrages sur commande, et travaillant une journée de douze heures, produire un salaire qui excédera huit francs; tandis qu'un grand nombre de *cameloteurs*, n'ayant, pour ainsi dire, point d'apprentissage (car une année suffit pour ce qu'ils font), obtiendront facilement un salaire de neuf francs dans une journée de douze heures.

Ce que nous relatons ici est visible et palpable, puisque chaque jour nous voyons et touchons ces travaux. Pensez-vous que ces faits irréfutables ne sont pas de nature à exciter la désertion du beau et du talent pour passer dans le camp de l'intérêt? Pour notre part, nous le croyons.

Voyons un peu quelle est la différence de position entre les patrons qui occupent des ouvriers sur commande et ceux qui font travailler pour la confection.

Que l'on travaille à la confection ou sur mesure, il existe toujours deux catégories d'établissements dans lesquels les opérations sont si disproportionnées qu'il est impossible de les confondre.

La grande majorité des patrons à la commande ne sont, croyez-le bien, que les premiers salariés, attendu qu'il ne suffit pas, pour couvrir leurs frais, qu'ils remplissent les fonctions de chef de boutique; il faut encore qu'il *fonctionnent* eux-mêmes, parce que leur faible clientèle ne leur permet pas d'opérer autrement.

Dans notre corporation, l'établissement sur la commande exigeant un faible capital, il s'ensuit qu'un grand nombre de cordonniers en profitent, et que tous, ou presque tous y trouvent un bénéfice en rapport avec les besoins de l'existence; il s'en trouve quelques-uns qui parviennent à se créer une position aisée. Nous avons donc raison de dire que la majeure partie de cette catégorie de patrons sont des salariés qui s'exploitent eux-mêmes; aussi la position pécuniaire de certains ouvriers est-elle bien préférable à celle de patrons placés dans ces conditions !

Il en est de même dans la fabrication : les disproportions sont incommensurables, et il est des patrons dont les opérations commerciales deviennent tellement étendues que leur établissement acquiert le titre de manufacture, et leurs propriétaires celui de manufacturiers; il en est d'autres dont les résultats sont si restreints, que la qualification de fabricants devient dérisoire; aussi ne leur applique-t-on que le nom de *camelotteur*s ou *choutiers*, qui, achetant pour huit francs de matières premières, livrent aux marchands de chaussures pour vingt francs de marchandises. — C'est ce qu'on appelle travailler à la grande façon !...

Le cordonnier établi, servant sa clientèle, n'a point d'intermédiaires ; il livre directement ses produits à la consommation, et prélève un bénéfice qu'on peut évaluer, en moyenne, de 30 à 35 pour cent.

Le cordonnier fabricant livre ses produits au commerce, qui en opère la vente à ses risques ou bénéfices. Le boni prélevé par le fabricant peut s'estimer de 15 à 20 pour cent, et celui qu'obtient le commerce, varie de 20 à 25 pour cent.

Donc, en travaillant à 30 pour cent, il faut pouvoir compter annuellement vingt-mille francs d'affaires pour obtenir un bénéfice brut de six mille francs, somme indispensable pour couvrir les frais nécessités par l'établissement, qui, en moyenne, peuvent être évalués à ce chiffre, tout en observant bien l'ordre et l'économie !

Ainsi, pour arriver à ce résultat, il faut que la maison ait une clientèle suffisante pour occuper continuellement quatre ouvriers et trois ouvrières, et qu'elle n'entreprenne que des travaux passablement rémunérés.

Voyons un peu, approximativement, quels peuvent être les frais nécessités pour tenir la boutique d'un maître chausseur sur commande, ayant l'importance de celle dont nous parlons plus haut :

Loyer de la boutique et d'un petit logement.   .   1,800 fr.
Patente et contributions.   130   »
Assurances, éclairage et chauffage.   .   .   .   300   »
Frais généraux attachés à l'établissement.   .   .   150   »
_____
Total.   .   .   .   .   .   2,380 fr.

Retirez ce chiffre des six mille francs, c'est donc trois mille six cent vingt francs qui vous restent pour suffire tant à votre existence qu'à celle de votre famille.

Le salaire des ouvriers et ouvrières employés dans ces boutiques ou magasins appartenant à la classe moyenne des capacités, est généralement ainsi fixé :

Façon d'une paire de bottines   (homme) . . .   4 50
    —   de souliers vernis   id. . . . .   4 »
—   —   —   veau id. . . .   3 »
—   des piqûres de tiges de bottines
       d'homme. 2 75
—   dessus de souliers élast. vernis.   1 75
—   —   —   veau. .   1 50

La plupart de ces magasins sont obligés, pour satisfaire leur clientèle, de travailler aussi bien pour dames que pour hommes, et cependant la clientèle pour dames est d'une faible importance pour eux, attendu que celles-ci se chaussent à la commission, leur condition sociale les y engagent.

Néanmoins, il n'est pas moins utile de mentionner ici que les façons payées aux ouvriers pour dames sont en rapport avec celles payées aux ouvriers pour hommes. Du reste, voici le tarif le plus observé :

Escarpins à talons. 2 50
En double, à talons. 3 50
Piqûres de tiges élastiques étoffes. 1 50
—   —   chevreau. . . . .   2 »

Ces façons peuvent accorder à l'ouvrier, digne d'occuper le *premier plan* par son habilité, un salaire quotidien de quatre francs, en comprenant la journée de douze heures de travail. Quant aux ouvriers de second ordre, soit sous le rapport de leur habileté, soit sous celui de leur savoir-faire, il nous est impossible de mentionner un salaire qui excède quotidiennement deux francs. cinquante, en comprenant également la journée de douze heures de travail.

Nous sommes si certain des chiffres que nous émettons ci-dessus que nous prendrions volontiers l'engagement de faire la paie à la cordonnerie salariée travaillant sur commande, et qu'avec la solde que nous accordons il nous resterait un encaisse, relativement considérable en comprenant au même nombre les deux classes de travailleurs que nous désignons ici.

Prenant la cordonnerie de la capitale pour base de nos compa-

raisons, nous pensons avoir raison, et voici pourquoi : C'est à
Paris que l'étranger fait ses acquisitions de riches chaussures
françaises ; c'est également à Paris que se fait chausser une grande
partie de la fashion provinciale. Voici pour la cordonnerie sur
commande.

Quant à celle à la commission, il est avéré que Paris est la
e de fabrication et d'exportation par excellence. Certes,
nous avons en province de grandes et de nombreuses fabriques ;
mais elles sont dispersées, nous le voyons avec bonheur, attendu
que, ainsi éparses, elles occupent un personnel nombreux et
procurent du travail qui, à son tour, donne un sensible bien-être
à ceux qu'il comprend ! Encore nos grandes fabriques manufac-
turières de province ont-elles toutes à Paris un dépôt de leur
produits ou une succursale de leurs confections. La cordonnerie
française est donc, en notre capitale, suffisamment représentée
dans toutes ses branches pour que, avec autorité, on puisse les
prendre là comme guide d'opérations.

Nous passons sous silence quelques maisons de cordonnerie
autant pour hommes que pour dames ; de ces maisons qui existe-
ront toujours, car elles sont indispensables à la riche, élégante,
aristocratique et capricieuse clientèle qu'elles desservent. Il faut
donc, pour exécuter les travaux qui leur sont journaliers, employer des ouvriers spéciaux ; aussi, nous interdisons-nous, à
leur égard tout tarif de salaire. Ces heureux de la corporation,
sont privilégiés ; souvent ils ont le savoir et possèdent quelque
fortune par hasard ou par héritage ; aussi comprennent-ils parfaitement que ceux qui concourent à leur obtenir des récom-
penses, de la renommée, et à leur faire acquérir une brillante et
honnête position, doivent recevoir un salaire exceptionnel.

Le nombre de ces maisons de cordonnerie qui, par une faveur
spéciale, ne peuvent figurer dans notre examen sur les salaires,
atteint à peine le chiffre de vingt, et celui des ouvriers qu'elles
emploient peut s'élever à deux cents. C'est donc une exception
qui ne peut ici tenir lieu ni de règle ni de base.

Nous croyons avoir suffisamment établi la position de la

cordonnrie faisant la commande; passons maintenant à celle de la fabrication.

Le fabricant qui travaille à 15 pour cent de bénéfice, doit-il faire un chiffre d'affaires présentant le double de celui qui travaille sur commande! Oui! Le fabricant doit compter sur quarante mille francs d'affaires s'il veut espérer un bénéfice brut de six mille francs par année. Et quels sont les frais que nécessite une fabrique de si faible importance? D'abord, comme chez le cordonnier sur mesure, nous ne comprenons pas la première mise de fonds ; ceci est complétement en dehors de notre *Revue*. Seulement, nous ferons remarquer que, si la boutique du cordonnier sur commande exige quelques frais d'agencement plus onéreux que ceux de la fabrique, ces frais sont largement compensés par ceux d'un matériel indispensable au fabricant, et qui seraient sans utilité pour le cordonnier à clientèle.

Le fabricant , n'étant pas obligé d'habiter tel ou tel centre, peut, sur son loyer, viser à une sensible économie. Exemple :

Location	600 fr.
Patente et contributions.	100 fr.
Assurances, éclairage et chauffage . .	300 fr.
Frais généraux de l'établissement . .	150 fr.
	1,150 fr.

Pour que, en fabrication moyenne de chaussures d'hommes (cousues et piquées à la main), on puisse prétendre à une quarantaine de mille francs d'affaires, le nombre approximatif d'ouvriers et d'ouvrières doit s'élever à quinze ouvriers pour les pieds et à vingt ouvrières pour les tiges.

Sur les mêmes articles, fabriqués en cloués, ou vissés et piqués à la mécanique, pour faire le même chiffre d'affaires on n'aura besoin que de huit ouvriers pour les pieds, et trois ouvrières pour les tiges.

A l'article pour dames, cousu et piqué à la main, douze ouvriers pour le dessous et dix-huit ouvrières pour le dessus, obtiendront le même résultat que les vingt ouvrières que réclame l'article cousu pour hommes.

L'article pour dames (clouage et piqûre à la mécanique) demande neuf ouvriers et quatre ouvrières pour obtenir le même chiffre d'affaires (quarante mille francs), et un bénéfice égal.

Le travail du patron de chacun de ces établissements diffère sensiblement, non-seulement sous le rapport des connaissances du métier, qui devraient être à peu près égalisées, mais sous celui de l'aptitude obligée. Au cordonnier qui travaille sur mesure appartient l'occupation supérieure. Les fabricants de chaussures cousues, pour hommes et pour femmes, viennent ensuite. Nous mettrons en troisième ligne le fabricant au clouage ou vissage pour homme. Enfin, la fabrication des chaussures clouées pour femme ferme la catégorie, à cause du moins d'embarras qu'elle présente; nous ne prétendons pas dire qu'elle n'ait pas aussi son mérite, n'aurait-elle que celui d'offrir le même bénéfice que ceux dont nous parlions précédemment. A nos yeux, cette avantageuse considération a bien quelque valeur. Partout l'argent joue son rôle !... et tient lieu de travail !...

Les ouvriers, dans ces différentes spécialités, reçoivent, en moyenne, un salaire placé dans les proportions suivantes :

1re catégorie. — Fabrication cousue, pour hommes, avec tiges et dessus piqués à la main :

Façon des pieds de bottines. . . .	3 50 à 4 »
— — de souliers vernis . .	3 » à 3 50
— — — veau . .	2 50 à 2 75
— tiges de bottines	2 25 à 2 50
— dessus de souliers élastiques .	1 10 à 1 25

Dans douze heures de travail, les ouvriers que leur habileté et leur mérite placent dans la première classe, peuvent gagner un salaire de 4 à 5 fr., et celui des moins habiles peut s'élever au chiffre de 3 fr. à 3 fr. 75.

Dans cette catégorie de la fabrication, le salaire de la femme, d'après les façons indiquées ici, peut s'élever de 2 fr. à 2 fr. 50 par jour.

2ᵉ catégorie. — Fabrication au clouage, chaussures pour hommes, piquées à la machine :

Façon des pieds rivés en cuivre . . .	2 50 à 2 75
— — — fer . . .	2 » à 2 25
— de tiges de bottines claquées . .	1 » à 1 25
— dessus de souliers élastiques . .	» 50 à » 80

Si nous nous abstenons ici de parler des façons du vissage, nous y reviendrons.

Au clouage, les journées ordinaires sont de douze heures. Les ouvriers de cette catégorie peuvent obtenir facilement un salaire évalué à 5 fr. par jour.

Quant aux prix de façons accordés aux travaux de la machine à coudre, nous en reparlerons.

3ᵉ catégorie. — Fabrication pour dames, chaussures cousues et piquées à la main :

Façon de bottines-escarpins à talons . .	2 » à 2 50
— — double semelle.	2 25 à 2 75
— bottines-escarpins sans talons .	1 10 à 1 75
— — double semelle . .	1 30 à 2 »
— de tiges, étoffe, claquées et lacées.	» 90 à 1 10
— — étoffe ou chevreau, cla- quées et élastiques . .	1 40 à 1 75

Comme salaire, nous ne pensons pas pouvoir établir deux classes dans cette spécialité.

La journée de douze heures pour chaque ouvrier est de 4 à 5 fr. Elle s'élève à 1 fr. 50 c. pour les ouvrières. C'est à cette spécialité du travail de la femme dans la cordonnerie que la machine a *coupé les bras*. Libre aux ouvrières, il est vrai, de se reporter ailleurs, où elles pourront ne pas rester inactives et se procurer un travail plus avantageux.

'4ᵉ catégorie. — Les mêmes articles de fabrication, cloués pour femmes, avec tiges piquées à la machine :

La paire.

Façon de bottines à talons.	1 25 à 1 60
— — semelle découpée .	1 20 à 1 40
Façon de tiges de bottines chevreau, à élastique et claquées entièrement finies. . . .	» » » 75
Id. lacées, façonnées et les œillets posés, claquées.	» » » 60

Nous ne pouvons donner ici une exacte énumération des prix appartenant à cette catégorie, attendu qu'ils varient à l'infini en raison de la quantité et de la diversité des articles. Néanmoins, nous en présentons quelques-uns qui peuvent servir de base au tarif général.

La journée de l'ouvrier de cette catégorie peut s'évaluer à 6 fr. pour douze heures de travail. Ceux qui, notamment, forment le contingent dans cette partie, et ils sont nombreux, se recrutent parmi les mécontents d'un salaire insuffisant qu'ils recevraient dans leur propre spécialité, et aussi de manouvriers complètement étrangers, précédemment, à la cordonnerie.

Répartition du travail dans chaque catégorie.

1ʳᵉ *catégorie* (cousu pour homme).

Produit brut en moyenne de la journée de travail de quinze ouvriers (marchandise, façon et bénéfice). . . . 140 fr.

Multipliés par trois cents journées de travail par année donnent pour total . . . . 42,000 »

Pour obtenir ce chiffre de 42,000 fr. d'affaires par année, avec le produit du travail de quinze ouvriers, il faut admettre comme suit : les prix de vente, l'ordre des commandes et l'exécution du travail de chaque jour.

5 paires de bottines vendues : la p. 12 fr. ; les 5 p.,   60 fr.
—   souliers vernis,   — 9 »   —   45 »
—   —   veau,   — 7 »   —   35 »

                      Total. . .   140 fr.

2ᵉ catégorie (rivé pour hommes).

Produit brut en moyenne de la journée de travail de huit ouvriers. . . . .   140 fr.
    Multiplié par trois cents, total. . . .   42,000 »

Ordre des commandes et de la fabrication de chaque jour.

Cinq paires de bottines vendues : la p., 10 fr. ; les 5 p., 50 fr.
Six   —   souliers vernis,   — 8 »   —   48 »
Sept —   —   veau,   — 6 »   —   42 »

                              140 fr.

3ᵉ catégorie (cousu pour dames).

Produit brut en moyenne de la journée de travail de douze
ouvriers . . . .   140 fr.
    Multiplié par 300, produit par année un total de   42,000 »
    Cinq paires de bottines chevreau élastique claquées et à ta-
lons, vendues : la paire. . . . 9 fr. ; les 5 paires, 45 fr.
    Cinq paires de bottines lacées
et claquées et à talons . . . . 7 fr. ;   —   35 »
    Huit paires de bottines élastique
et étoffes chaussons à talons. . . 5 »   —   40 »
    5 paires de bottines lacées . . 4 »   —   20 »

                    Total.   140 fr.

4° *catégorie* (rivé pour dames).

Neuf ouvriers produisent par jour un rapport brut de 140 fr.

Multiplié par 300, total par année. . . .   42,000 fr.

Ordre du travail par jour.

Une douzaine de paires de bottines à 60 fr. la douzaine.

—	—	—	48	—
—	—	—	32	—
Total	. . . .		140 fr.	—

En mettant les chiffres qui précèdent sous les yeux de nos lecteurs, nous n'avons pas la prétention de dicter une ligne de conduite industrielle et commerciale à qui que ce soit. Notre but est tout autre, il n'aspire qu'à démontrer et à donner à nos confrères une idée de l'établissement et de son commerce.

Aujourd'hui, pour être chef d'un établissement dans la cordonnerie en fabrique, il ne s'agit pas seulement de faire une paire de chaussure, il faut savoir acheter les matières nécessaires à sa confection, connaître les moyens économiques de la fabrication, et savoir tirer parti de ses produits en les plaçant avantageusement.

Nous avons voulu démontrer qu'il y a dans la fabrication de la chaussure quatre genres d'établissements bien distincts les uns des autres et qui, dans chaque catégorie, demandent une aptitude différente; et c'est ce qui fait que l'on voit aujourd'hui des chefs de fabrique qui n'ont point fait d'apprentissage de cordonnier et qui n'en sont pas moins d'habiles fabricants dans la nouvelle cordonnerie.

Nos lecteurs doivent pressentir que ce n'est point l'envie qui nous manque pour émettre quelques réflexions d'un autre ordre d'idées; mais enfin, que voulez-vous, il faut se résigner et souffrir ce qu'on ne peut empêcher. En un mot, il faut être de son siècle et de son époque et dire : l'industrie doit vivre et progresser sous tous les régimes gouvernementaux.

La loi qui régit la petite presse n'entend guère la plaisanterie, surtout lorsqu'il s'agit de discussion où le sujet repose exclusivement sur le bénéfice des patrons et le salaire des ouvriers. Aussi, nous nous sommes strictement renfermés dans des chiffres, en laissant à votre intelligence le soin de suppléer à notre silence obligé.

Nous avons comparé, c'est tout ce qui nous est permis de dire et faire.

TROISIÈME PARTIE.

Avènement définitif de la chaussure (RIVÉE ET VISSÉE)

ET DE SON AVENIR.

Voilà quarante ans environ que, pour la première fois, l'application du système rivé se fit en France.

Le système de river la chaussure, nous assure-t-on, a pris naissance en Allemagne.

Avant 1848, ce nouveau moyen de fabrication était si peu répandu, que quelques-uns seulement en connaissaient l'existence.

L'opposition que ce nouveau système rencontra dans la cordonnerie en général fut grande ; quelques exceptions cependant tentèrent de se produire, mais ce n'était qu'un fait isolé, et encore, ceux qui essayaient de faire du rivé n'en faisaient point une fabrication exclusive.

Quelques mois après la révolution de février 1848, un nombre considérable d'ouvriers cordonnniers se groupèrent partiellement et s'associèrent, afin, disaient-ils, d'exploiter eux-mêmes leur savoir et leur travail.

Cette idée était l'ordre du jour du moment.

Presque toutes ces petites associations avaient adopté pour base de leurs opérations de travail le système rivé ; la préférence qu'elles donnaient au rivé sur la couture n'était uniquement que pour abréger la main-d'œuvre ; toujours est-il que, quelques années plus tard, on vit naître et s'élever à Paris, ainsi qu'en province, des fabriques de chaussure qui adoptèrent spécialement le système rivé. Aujourd'hui il s'en fait et il s'en vend jusque dans les villages.

La chaussure vissée ne vint que plus tard ; cela tint sans doute au matériel qu'elle nécessitait alors, et peut-être aussi au privilége qu'avait obtenu, en vertu d'un brevet d'invention, la compagnie Sylvain Dupuis ; brevet qui, en vertu d'un jugement rendu en dernier ressort par le tribunal de la Seine, devait, quelques années plus tard, tomber dans le *domaine public*.

D'ailleurs, l'extension que prenait chaque jour le système rivé rejaillissait sur celui vissé, et ce dernier était devenu une propriété appartenant à qui voulait et qui pouvait l'exploiter ; les deux systèmes durent se trouver en présenre de la fabrique et au service de la consommation.

Les fabricants de chaussure au système vissé firent dans cette circonstance, prenve d'intelligence et d'activité ; car, en très-peu de temps, leurs produits furent acceptés dans le commerce.

Il faut bien croire que le commerce s'en trouva bien, puisqu'il renouvela ses demandes en doublant et en triplant les commissions.

A partir de ce jour, le chômage disparut dans la corporation. Il est vrai d'ajouter que le travail se transformait et qu'il se déplaçait ; des habitudes contractées depuis longtemps étaient contrariées.

Mais enfin, que voulez-vous ? il faut en prendre son parti, dans la vie, rien n'est immuable : vouloir ou seulement désirer l'immobilité dans son *métier*, lorsque le mouvement doit le grandir de *cent coudées*, c'est commettre une faute grave, presque un crime.

Quelques-uns de nos confrères croient et s'appliquent à se prouver à eux-mêmes que les fabriques de chaussures rivées se sont élevées au préjudice de la chaussure cousue : c'est une erreur, d'autant qu'il se fait encore aujourd'hui beaucoup plus de chaussures cousues, soit en fabrique ou sur commande qu'il ne s'en faisait antérieurement à l'année 1848.

Les ouvriers inférieurs sont ceux qui, les premiers, alimentèrent les besoins de la fabrique, ensuite et peu à peu les ouvriers supérieurs s'y mêlèrent.

La cause qui détermina les ouvriers médiocres à se prononcer immédiatement en faveur du nouveau système, est qu'ils étaient constamment sous le coup du chômage; en outre, le travail qui leur était confié ne se rétribuait qu'au rabais, quoique souvent l'exécution (en rapport des mauvaises fournitures) en était longue et difficile.

Voilà pourquoi les ouvriers dont le travail était médiocre, presque mauvais ou complétement mauvais, si vous le voulez, furent presque unanimes à faire bonne réception à ce nouveau système de travail.

N'allez pas croire, cependant, que dans notre pensée nous admettons qu'il fallait moins de savoir et de talent pour *bien faire* le rivé que pour *bien faire* le cousu, non! Pour ce que l'on appelle *bien fait*, le savoir ne diffère en rien ou en très-peu de chose.

En fait, le système rivé, par l'extension qu'il a donnée au commerce de la chaussure, a ouvert un débouché favorable au trop-plein des ouvriers de la corporation en les prenant à son service.

Comparativement à la position qu'ils occupaient précédemment, ils jouissent aujourd'hui d'une grande amélioration.

Cette amélioration a d'autant plus de valeur qu'elle n'est apportée au préjudice de personne; bien au contraire, les bons ouvriers, ou ceux qui sont restés fidèles à la couture (et ils sont nombreux), sont plus recherchés, ce qui fait que leur salaire a subi une augmentation sensible.

C'est au système rivé que nous devons la grande fabrique ; il est la soupape ouverte par où la misère de la cordonnerie a commencé à reculer ; mais ne préjugeons rien : ce n'est sans doute point lui qui a reçu mission de la faire disparaître complétement.

Nous le répétons : C'est chez lui que le *trop-plein* marchant *pieds nus* a trouvé *chaussure à confectionner*.

Dire le nombre des cordonniers qui, à Paris, depuis une douzaine d'années, se sont établis fabricants, ainsi que celui des industriels qui, possédant un capital quelconque, ont ouvert des magasins de vente, est un chiffre incroyable. Eh bien ! nous avons constaté que sur cent établissements, il y en a quatre-vingt qui se sont élevés en s'appuyant sur le système rivé ou vissé.

Les débouchés que nécessite cette fabrication sont considérables, mais les besoins de la consommation qu'elle alimente ne sont pas moins grands, et c'est ce qui fait que chaque jour l'un et l'autre marchent ensemble en grandissant toujours.

En face des besoins nouveaux, l'avenir de la nouvelle fabrication n'a rien à redouter.

Elle a rendu service à la corporation en donnant du travail à ses membres.

Elle a été utile à la société en chaussant un plus grand nombre de citoyens.

Tout cela est vrai ; mais ce qui n'est pas moins vrai c'est que l'avenir du système rivé nous paraît moins beau que son passé ; il va falloir qu'il compte avec un concurrent sérieux, et ce concurrent se nomme la *machine à visser*.

Déjà, nous comptons quatre à cinq systèmes de vissage, et chaque jour nous devons nous attendre à en voir de nouveaux, qui se produiront sous la désignation de système perfectionné.

Le principe du vissage appliqué à la chaussure étant admis, la manière de visser peut différer.

Le fabricant et le consommateur, seuls, seront juges.

Si nous admettons la multiplication des machines et leur perfectionnement, nous devons admettre une réduction dans leur prix qui, aujourd'hui, est trop élevé pour que chaque fabricant qui travaille au système rivé puisse en faire l'acquisition.

Avant peu, la machine à visser sera un outil indispensable au fabricant qui travaille au système rivé.

Nous ne voyons aucun inconvénient à ce que les articles qui se confectionnent au rivé ne le soient au vissé.

Seulement, sous toute réserve, et afin d'éclairer l'industrie, nous adressons, à qui voudra et qui pourra y répondre, les demandes suivantes :

1° Peut-on visser sur factice?

2° Peut-on visser sur vieux cuir?

3° Le salaire des ouvriers est-il inférieur, est-il égal ou peut-il être supérieur à celui du système rivé?

4° Le bénéfice du fabricant est-il plus ou moindre?

5° Le consommateur trouvera-t-il les mêmes avantages, soit comme qualité et comme prix?

Ces questions étant posées, nous espérons que l'on nous donnera satisfaction en y répondant.

En supposant que les réponses à nos demandes soient toutes en faveur de la machine à visser, cela ne voudrait point dire que le système rivé disparaîtrait ; nous ne le pensons pas! En voici les raisons :

1° La facilité avec laquelle un ouvrier peut entreprendre et produire lui-même, avec peu d'avance.

2° La réduction du prix de revient par l'abréviation de la main-d'œuvre sans restreindre le salaire.

3° La liberté de travailler seul et chez soi, de s'exploiter soi-même et sans contrôle.

Ces quelques avantages, pris en considération, ont leur mérite et font qu'il se rencontrera toujours et partout des petits fabricants, en réalité des grands façonniers qui, pour obtenir un résultat, devront s'en tenir au rivé.

Il en sera de même pour la grande fabrique, lorsqu'elle s'attachera spécialement à la confection des articles communs.

Quant à ce qui est de la confection dont le prix de vente permettra de la faire *bonne et solide*, d'ici à quelques années, la *machine* à visser aura remplacé le système rivé.

Quelle est la place que la chaussure vissée occupe dans la consommation?

Quelle est la contenance qu'elle doit tenir à côté de la chaussure cousue?

Chaque fois que la chaussure cousue s'établira dans de bonnes conditions, qu'elle soit bien cousue, bien à sa portée, bien montée ; que les marchandises soient bien choisies et bien assorties dans l'ensemble, qu'elles soient bien employées. En somme, que le tout soit bien commencé et bien fini.

Il est certain, il est même incontestable que le cousu établi dans ces conditions n'a rien à redouter, car il n'existe rien encore, de tous les systèmes d'invention, soit vissé, rivé, collé, moulé, soudé, mixte ou fondu qui lui soit comparable.

Hâtons-nous d'ajouter qu'une chaussure cousue qui réunit les qualités susdites, qualités indispensables si l'on tient absolument à obtenir une bonne confection, doit être vendue *trés-cher*, car son prix de revient, comme main-d'œuvre, est très-élevé, ou, s'il en est autrement, regrettons-le, c'est le malheureux ouvrier qui paye de ses veilles, de son savoir et de son salaire, et qui dira : Merci, ce temps n'est plus !

L'exploitation en général de la chaussure à vis, et la catégorie de la chaussure avec laquelle elle entre directement en concurrence, est celle qui s'adresse préférablement à la consommation ordinaire, et, sur celle-là, voilà quel est son avantage : à qualité égale de la marchandise, le vissé est solide *toujours*, tandis que le cousu ne l'est *jamais* ou *rarement*.

Pour sa part, la couture a aussi son avantage : comme fabrication et comme commerce, elle a *rang d'ancienneté* (nous dirons ici ce qu'ailleurs nous avons déjà dit) « Pour beaucoup de gens le droit d'aînesse existe encore. »

Il est un fait bien vrai que si, depuis des siècles, on eût

monté la chaussure par un système autre que celui cousu, et qu'aujourd'hui un *bonhomme* quelconque, tant novateur ou inventeur fût-il, qui vînt nous présenter et nous prêcher d'abandonner le rivé et le vissé que nous connaîtrions bien, et avec lesquels nous aurions appris le métier, pour prendre un système nouveau, système à la couture que nous ne connaîtrions pas, et qui, contrariant non-seulement nos traditions, mais encore notre commerce, et qu'il soumît à notre expertise tous les attirails qui tiennent à la couture; poix, soies de sanglier, éponges pour humecter le chanvre, fils de trente-six couleurs : jaune, gris, rouge, blanc, et dito de trente-six grosseurs : fil gros et très-gros, fil moyen, fil fin et très-fin, alène ronde, alène plate et alène carrée, petite alène, grosse alène, etc., etc. J'ose dire que tout ce qu'il y a de cordonniers, grands ou petits, français ou étrangers, se rueraient comme un seul homme en proférant et vociférant mille millions d'anathèmes sur l'audacieux petit *bonhomme* novateur.

Non! non! non! malgré les péroraisons les plus séduisantes, les comparaisons les mieux calculées et les mieux établies, il ne parviendrait jamais à nous décider à quitter la machine à visser, si solide, ou le rivé, si facile, pour nous faire adopter et ganter la terrible manique *de force à la main*.

Quoi qu'il en soit, nous cousons, et depuis des siècles nous cousons, et, certes, il y a encore des cordonniers consciencieux qui s'appliquent à coudre solidement et qui cousent fort bien : mais enfin, qu'est-ce que cela prouve? Cela prouve que tout système nouveau, tant bon soit-il, doit s'attendre à la lutte, et qu'une chose, qu'un système quelconque, lorsqu'il est établi et qu'il a pris pied, lors même qu'il serait mauvais, il est revêtu d'une force qui est presque de la puissance, et pour le combattre il ne suffit pas d'avoir de la résolution, il faut de la conviction et des preuves, et si la chose ou le système nouveau est bon, il trouve et prend sa place à son tour.

Savoir attendre et persévérer, c'est savoir vaincre!..

QUATRIÈME PARTIE

Le Travail en fabrique et le Travail libre.

Dans un moment ou les grèves sont à l'ordre du jour, soumettre à l'appréciation de tous les intéressés, patrons et ouvriers, producteurs et consommateurs, le prix des façons payées voilà vingt-cinq ans, en regard de celles que l'on paie aujourd'hui, c'est assurément jeter de la clarté dans les discussions et prévenir, le cas échéant, un conflit possible, ou, du moins, en modérer le résultat.

Nous n'ajouterons aux chiffres comparés qui suivent aucun commentaire susceptible de blesser les convictions plus ou moins vraies des uns et des autres.

FAÇONS POUR HOMMES.	FAÇONS	
	1845	1870
Bottes à l'écuyère (dites de cheval), veau ciré et grands contreforts (TIGES ET PIEDS).	12 à 16 f.	18 à 20 f.
— à revers, veau ciré à grands contreforts sans être *coiffées*.	10 à 14	15 à 16
— à l'écuyère (veau ciré), fermées par une seule couture (jointure ou piqûre).	7 à 10	11 à 13
— à revers (dito), sans être coiffées.	6 à 8	9 à 11
— vernies, tiges moroquin noir ou couleur.	9 à 12	11 à 15
— veau ciré ou maroquin noir.	5-50 à 8	6 à 10
Remontage vernis.	5 à 6	7 à 9
— veau ciré ou maroquin noir.	4 à 5-50	5-50 à 7
Fonds de bottes.	2-50 à 3-50	» »
Souliers veau ciré à talons, piquér-boîte et à petits points (dessus et pied) coupe *lacés dessus* ou *brodequins*.	2 à 3	3 à 4
— 1/2 talons sans piquer boîte et à petits points (dito.	1-50 à 2	3-50 à 3

Un si grand changement s'est produit dans la fabrication, que nous sommes forcés de diviser le travail. Nous avions, voilà vingt ans, des joigneuses ; mais, aujourd'hui, nous avons un corps industriel très-nombreux et très-intelligent qui ne s'applique spécialement qu'à la confection des *dessus* et des *tiges* de toutes sortes, depuis le *dessus,* et la *tige* la plus *ordinaire* et la plus *simple,* jusqu'à celle la plus *exceptionnelle* et la plus *riche;* soit que les coutures soient exécutées à l'*alène,* à l'*aiguille* ou à l'aide puissant de la *production* et de la *régularité* des *machines à coudre,* toujours est-il que cette spécialité existe ; et quoi qu'elle scinde en deux classes notre industrie, il n'en est pas moins vrai que *ceux* qui confectionnent les *dessus* et *tiges,* de façon à ce que les *monteurs* n'aient qu'à présenter les *tiges* ou *dessus* sur les formes, sont aussi bons cordonniers praticiens dans leur spécialité que nos *faiseurs de pieds* les plus habiles.

Dans le tarif ci-dessus, nous mentonnions quelques articles qui ne se font plus et que nos jeunes cordonniers ne peuvent connaître que par entendre dire. Helas ? *tout passe dans la vie,* les fous et les sages, les *assignats* et les *roses,* et aussi les souliers à talons *piquerboîte* et les *fonds* de bottes ! Mais aussi tout se renouvelle ou se remplace, — c'est pourquoi, en compensation des articles délaissés et oubliés, — nous vous en donnons des nouveaux.

FAÇON   en 1870

Bottines sans lisse (les pieds sulement)	6 fr.	à 9 fr.
— ordinaires dito.	4	à 6
Souliers vernis dito.	3-50	à 4-50

SYSTÈME RIVÉ CONFECTION SUPÉRIEURE.

Bottines ou bottes (les pieds seulement)	2-75	à 3-50
Souliers vernis dito.	2-50	à 2-75
Souliers veau dito.	2-25	à 2-50

Il nous est impossible de déterminer absolument un prix de *façon,* dès qu'il s'agit du système rivé ou vissé, confectionné en atelier, d'autant que chaque fabricant, d'accord avec ses ouvriers, adopte pour l'exécution des travaux une classification différente du travail ; Tout ce que nous pouvons faire, c'est de rémunérer le fravail que produisent les ouvriers de toutes classes, travaillant en fabrique ou pour la fabrique, approximativement et à *tant* la semaine ; nous ferons de même pour les contre-maîtres, coupeurs et garçons de boutique.

TRAVAIL DIVISÉ ET CLASSÉ PAR CATÉGORIES.

	en 1845	en 1870
Ouvrier supérieur, la journée de 11 heures, la semaine de 6 jours, de	25 à 36 f.	40 à 50 f.
— ordinaire, de.	15 à 24	30 à 40
— inférieur, de.	9 à 12	20 à 30
Contre-maitre dirigeant une fabrique, le mois,	100 à 150	250 à 500
Coupeur de 1re classe, la semaine, de.	25 à 30	35 à 45
Coupeur de 2e classe, la semaine, de	20 à 25	30 à 40
Coupeur de 3e classe, la semaine, de.	15 à 20	22 à 30
Garçon de boutique et de magasin, 1re classe, la semaine, de	15 à 18	20 à 30
2e classe, la semaine, de.	12 à 14	18 à 20

Voilà cependant où nous ont amenés les nouveaux systèmes de fabrication provoqués et soutenus par l'outillage mécanique qui, à son tour, a fait comprendre à nos intelligents industriels, cordonniers de profession ou non, les avantages qui doivent ressortir *pour tous*, du travail divisé par catégories et par sections, en tenant compte des diverses aptitudes des travailleurs : A L'ÉLÉVATION PROGRESSIVE DES SALAIRES, voilà le résultat. Et, qu'importe les criailleries et les regrets de quelques adorateurs du temps passé, qui s'en vont disant : l'art du cordonnier s'éteint et bientôt l'artiste n'existera plus. C'est encore une erreur !

Non ! l'art du cordonnier ne s'éteint point, seulement il se modifie, il se transforme, et, pour mieux définir notre pensée, nous dirons à ceux qui veulent absolument être des artistes que ce n'est pas la qualité qui doit toujours faire loi, la quantité n'a t'elle pas ses avantages, puisqu'elle donne plus de bénéfice.

Vingt fois nous avons dit et plus de vingt fois nous redirons encore que, dans un espace de temps que nous ne pouvons déterminer, mais qui pourrait bien être plus rapproché de nous que l'on n'a l'air de le supposer, il sera difficile aux marchands cordonniers sur commande, et ayant à chausser la riche et noble clientèle, de se procurer ceux que vous convenez d'appeler des artistes.—L'homme semble, aujourd'hui, mieux comprendre qu'autre fois, que la vie est courte, et que le *temps* est de l'*argent,* et il en conclut qu'il est de son intérêt de faire un accueil favorable à tout ce qui tend à l'abréviation du travail, ainsi qu'à la durée de l'apprentissage.

Voilà vingt-cinq ans, les *bons ouvriers* (artistes) étaient nombreux, comparativement à aujourd'hui. Qu'en advenait-il? il en advenait qu'ils se faisaient une concurrence à outrance ; et que les patrons, devenant de plus en plus exigents, le prix des salaires baissait ! baissait ! ! baissait toujours ! ! ! Voilà la position réelle des ouvriers artistes il y a vingt-cinq ans.

Nous disions plus haut que la *qualité* ne fait pas toujours loi, Et, certainement, si ceux dont les aptitudes spéciales, le tempérament, la patience, autant que la satisfaction de faire parler d'eux et de s'entendre citer comme des ouvriers hors ligne, des *artistes, enfin !* deviennent plus rare, ils n'en seront pas moins capables de confectionner des petits chefs-d'œuvre et dont ils auront le suprême avantage (ce qui ne peut nuire au talent de l'artiste) de se faire payer un *salaire* en rapport avec leur talent, ce qui compensera les longues années d'apprentissage qu'ils auront dû faire pour arriver au dégré de savoir qui leur permettera de s'appliquer la qualification d'artistes.

Voici pour les uns que nous appellerons : les *artistes* de la cordonnerie classique.

Voyons les autres !

Ceux qui, dans les concours, dans les expositions, dans les manufactures, dans les ateliers ou dans les bureaux, travaillent sans cesse, cherchent par *mille et une combinaisons* à simplifier, soit par des moyens *mécaniques,* soit par des études nouvelles de *coupe,* ou de classification du travail sans *diminuer le salaire* ni les *bénéfices de la fabrication* tout en diminuant le *prix de revient,* ceux, enfin, qu'il plaît aux gouvernements et aux sociétés industrielles de récompenser et désigner comme lauréats, voulez-vous aussi qu'ils soient des artistes? Il nous semble que vous ne pouvez leur refsuer ce *titre ;* parce qu'ils sont arrivés les derniers, ils n'en sont pas moins méritants. Le *progrès* n'est-il pas naturellement le dernier qui arrive? A chacun son mérite.

FAÇONS POUR FEMMES.

(Les pieds seulement).	1845	1870
Bottines à talons Louis XV (en double). . . .	6	9
— — (escarpins(. . . .	7	10
Souliers — (en double). . . .	4	6
— — (escarpins). . . .	3-50	5
Bottines à talons ordinaires (en double). . . .	2-50 à 3	3-75 à 5
— sans talons — .	2 à 2-50	3 à 4
— à talons (escarpins). . . .	2 à 2-50	2-75 à 3-50
— sans talons —	1-25 à 1-75	2 à 2-50
— chaussons —	0-90 à 1-10	1-25 à 1-50

Dans les chiffres comparés que nous posons ici, il faut
certainement faire la part des circonstances, des localités, ainsi
que la clientèle des patrons ; en tenant compte de ces quelques
observations, nos chiffres ne craignent aucun démenti.

Et vous ouvriers, et vous travailleurs, célibataires ou chefs de
famille, à vous à choisir entre le travail libre, le travail chez soi,
entouré de sa famille, ou en chambrée, entouré de joyeux collègues
et le travail en atelier, en fabrique, où la discipline, la réglemen-
tation, l'heure fixée, le travail divisé, est mis rigoureusement en
pratique. Dans l'atelier de la fabrique, vous travaillez dans des
conditions hygiéniques qui vous manquent chez vous, dans vos
intérieurs ou dans vos chambrées, et mieux, ces conditions d'hy-
giène que vous trouvez à la fabrique, vous les laissez dans votre
ménage, au profit sanitaire de votre intéressante famille. — Car,
le plus souvent, le domicile de l'ouvrier cordonnier ne se com-
pose que d'une pièce (*le prix élevé des locations l'y oblige*). Or,
donc, il est trop vrai que : travailler dans une chambre où l'on
couche et où l'on fait sa cuisine, c'est provoquer la maladie,
incontestablement. Cette considération serait-elle seule en cause,
qu'elle serait suffisante pour déterminer le choix ; mais non, l'hy-
giène mise à part, vous avez bénéfice, c'est-à-dire économie sur la
durée du travail et élévation sur le prix du salaire.

Cependant, nous comprenons pourquoi les ouvriers de la cordonnerie classique, les bons ouvriers, préfèrent le travail libre. —
L'habitude n'est-elle pas une seconde nature.

Quoi qu'il en soit, ces mêmes artistes n'engagent pas moins les
adeptes de la cordonnerie à travailler à l'atelier. — Eux-mêmes,
enfin, pour les appréciations hygiéniques et économiques que
nous avons signalé, s'en trouveront beaucoup mieux, n'hésiteront
point à le reconnaître et à l'accepter, si ce n'était de véritables
habitudes contractées et certaines conditions particulières et per-
sonnelles de travail qui les retient.

FIN.

Paris, 1865—1870.

THÉORIE ET PRATIQUE

DE LA

FABRICATION ET DU COMMERCE

DES CHAUSSURES

Par André RATOUIS

La tâche est rude, la tâche est difficile; vouloir enseigner tous les moyens de fabrication pratiques, industriels et commerciaux qui s'exercent et s'appliquent dans la cordonnerie, petite ou grande; aussi, comptons-nous beaucoup sur l'intelligence autant que sur l'indulgence de nos lecteurs.

Le sujet que nous traitons se rattache à de trop graves et trop sérieux intérêts pour que nous n'y apportions pas tous nos soins et connaissances industrielles et commerciales.

Pour rendre ce travail plus lucide et plus clair, nous classons par chapitre les diverses questions professionnelles ou financières.

1er CHAPITRE. — La coupe, le coupeur, les mesures et les proportions mathématiques.

2me CHAPITRE. — Le fabricant et les prix de revient, l'achat et la vente, la marchandise et le consommateur.

3me CHAPITRE. — La cordonnerie classique et la cordonnerie moderne, les bons patrons et les bons ouvriers.

CHAPITRE PREMIER.

La coupe, les coupeurs, les mesures et les proportions mathématiques.

Il faut avoir sérieusement étudié les nécessités du métier et même connaître un peu l'anatomie du pied pour prétendre à la position de coupeur, et surtout pour y acquérir la réputation de *bon coupeur;* il faut enfin connaître, à première vue et au toucher, et la qualité et la provenance des peaux, ainsi que l'emploi qui peut en être fait.

Nous entendons encore par bon coupeur celui qui, d'un coup d'œil, embrassant l'ensemble et la forme d'une peau ou d'un cuir, se rend immédiatement compte de son rendement possible ou obligé, et qui peut de suite l'expliquer. Ceci est la science du métier, au point de vue des prix de revient qui doivent toujours préoccuper le chef d'atelier et lui permet toujours de se rendre fidèlement compte du bénéfice probable, ce qu'il ne doit jamais négliger de connaître.

Mais cela ne suffirait pas pour compléter ce que l'on nomme un bon coupeur, car il faut pour être un *maître coupeur*, mettre en pratique la théorie que l'on sait décrire; il faut pouvoir, d'une main habile, sûre, exercée, débiter *(détailler)* la peau ou le cuir, sur lesquels l'on aura fait une démonstration linéaire; il faut surtout pouvoir enseigner à d'autres, et ce, sous peine d'être incomplet.

Débiter ou détailler avantageusement une peau de chevreau, un maroquin, un veau ciré ou verni, des peaux de toutes sortes, ainsi que du cuir fort, n'est pas chose aussi facile qu'on veut bien le dire, et plusieurs années de tâtonnements, d'essais fort coûteux et de pratique journalière, sont utiles pour acquérir une réputation justement méritée par l'élégance de la coupe et par l'économie que l'on apporte à la fabrication, en appropriant avec précision, et pour chaque emploi, les parties du cuir ou des peaux qui, sans cette connaissance, pourraient être utilisées à contre-sens.

Savoir créer et composer une série de patrons, les varier en les appropriant au caprice de la mode, inventer soi-même une mode nouvelle, soumettre son imagination et sa volonté aux exigences de la clientèle que l'on doit satisfaire, constitue encore une des qualités précieuses du bon coupeur.

Mais, nous dira-t-on, pour être coupeur, selon vous, il faut connaître la partie à fond? Nous répondrons qu'il serait à désirer que les coupeurs possédassent les connaissances approfondies de la profession, cela n'est pas toujours complètement indispensable; mais, cependant, dans le cas où le savoir du coupeur s'élève jusqu'à l'art, quand il harmonise son dessin et sa coupe avec les exigences de la forme et du pied, il ne peut le faire qu'en connaissant à fond tous les détails du métier.

La profession de coupeur ne peut donc pas s'apprendre sans
maître, sans professeur; mais, lorsque l'on débite, coupe et détaille
également bien les étoffes, les peaux, les veaux cirés et les peaux
vernies; lorsqu'on sait détailler avantageusement, soit des cuirs
entiers, soit des croupons pour être mis en bande; — si à cela
l'on joint un discernement intelligent des sortes et des qualités des
différentes parties des étoffes ou des peaux; si l'on connaît bien le
tracé des semelles *premières* et *dernières* qui doivent être découpées
à l'emporte-pièce; si l'on sait assortir les forces et la nature de
chacune d'elles, rassembler toutes les fournitures nécessaires à la
construction d'une paire comme de plusieurs paires de chaussures; si, enfin, l'on sait donner et distribuer le travail, selon les
aptitudes de chacun, le recevoir, en connaître le mérite, la qualité et la valeur pour en fixer la *façon* (soit le salaire de l'ouvrier),
l'on est un bon coupeur.

Voilà donc, selon nous, ce qu'il est indispensable de connaître
et de savoir pour faire un coupeur, un *premier* dans une grande
fabrique, et il faut noter que toutes ces connaissances, qui constituent un bon cordonnier, ne font pas cependant un artiste coupeur.

Pour devenir artiste coupeur, il faut ajouter aux connaissances,
au talent du coupeur de fabrique, si intelligent qu'il soit d'ailleurs, d'autres connaissances, d'autres études plus spéciales et ne
se généralisant presque jamais. C'est enfin, dans la cordonnerie
à clientèle, en mesurant, en étudiant chaque jour et à chaque
heure du jour, le pied d'une femme petite maîtresse, d'un élégant ou d'un blessé, d'un estropié, de ceux enfin qui veulent
être chaussés d'une botte à l'écuyère ou d'un escarpin décolleté,
que l'on devient un artiste coupeur.

C'est donc en travaillant pour un cordonnier à clientèle qu'on
peut devenir réellement un coupeur artiste chausseur dans toute
la vérité de ce mot, car c'est là seulement, dans l'arrière-boutique
ou dans le sous-sol ou entresol du magasin, qu'il vous sera permis
de réfléchir, de tâter, de dessiner, de faire et refaire vos patrons,
afin de vous expliquer à vous-même les difficultés résultant, soit
de la sensibilité capricieuse du pied que vous n'avez fait qu'entrevoir,
que vous avez à peine touché, soit d'une blessure grave que l'on
veut dissimuler, soit de la marche, soit de toute autre cause qu'il
faut que vous deviniez, et souvent, difficultés qu'il faut que vous
surmontiez.

Mais aussi quel juste orgueil l'on ressent, alors que l'on a con-
tenté sa cliente ou son client; alors que, pour prix de l'argent et

du temps dépensé, on arrive au but ; alors que le client est satisfait, alors surtout, qu'après plusieurs années d'un succès constant, on s'est enfin convaincu que l'on sait son art, que l'on est un chausseur consommé.

Nous comptons *trois classes de coupeurs*.

La première, celle qui est chargée de la coupe (à l'*emporte-pièce*), des doublures et des étoffes inférieures, des débris de peaux ou cuirs, du tracé et de la coupe des semelles en bande, n'exige pas, pour cette classe de coupeurs, des connaissances en cordonnerie, et pour eux, il n'est pas nécessaire qu'ils aient fait un apprentissage sur le *tabouret ;* malgré l'habileté de quelques-uns, on est obligé de dire que le coupeur qui, dans ce cas, aide une machine, n'a pas besoin d'un grand savoir, un simple manouvrier pourrait le remplacer.

Vient ensuite la deuxième classe dans laquelle ceux-ci sont obligés aux connaissances réelles des détails de la profession, et pour laquelle un apprentissage a été nécessaire.

De ce nombre nous comptons :

Le coupeur à la commission et sur commande pour homme.

Le coupeur à la commission et sur commande pour dame.

Ceux de la troisième classe doivent, en plus des connaissances nécessaires aux précédents, connaître la marchandise, savoir l'acheter et la distribuer aux coupeurs qui sont sous leurs ordres. Ils doivent pouvoir occuper la position de chef d'atelier et même de gérants, il ne doit y avoir de différence entre eux et le fabricant et maître cordonnier, que celle qui résulte de la différence des fortunes ou de l'âge.

En effet, le coupeur contre-maître, directeur, chef d'atelier ou gérant d'une fabrique, est chargé de la *mise en main* et de la réception du travail confié à la main d'œuvre à façon. Une grande responsabilité lui incombe, et celui qui remplit cette fonction doit nécessairement réunir en lui toutes les connaissances et le savoir faire de chacun des coupeurs des autres classes, c'est à celui-là que l'on doit décerner un diplôme de capacité.

Nous avons essayé d'être aussi simple, aussi concis que possible, afin de rendre nos démonstrations plus faciles ; maintenant que nous sommes sortis des généralités, occupons-nous de la coupe et des méthodes d'après lesquelles on doit opérer.

La méthode de la coupe sur commande diffère de celle à la commission dans ce sens, que le cordonnier chausseur à pratique est obligé de varier ses *patrons* à l'infini, d'après les demandes qui lui sont faites, et presque toujours pour une seule *pièce*, ce qui l'empêche de suivre une ligne de coupe déterminée, à moins que l'on admette autant de *peaux* en coupe qu'il y a de genres de chaussures, chose possible, mais impraticable.

Nous n'entrerons dans aucun des détails si nombreux et si minutieux des proportions qui doivent être respectées, lorsqu'il s'agit de *chausser* élégamment et à l'aise : ceci est de la *mesure*. Nous y viendrons ainsi que sur les causes principales qui occasionnent au marcheur l'éculage et le renversement du *contrefort ;* chose très-disgracieuse autant qu'onéreuse, dont le consommateur accuse souvent avec *raison* son cordonnier-*chausseur sur commande*.

Ceci dit, transportons-nous dans l'atelier d'un riche magasin de botterie et de cordonnerie à clientèle pour homme, considérons-nous comme spectateur, chargé d'apprécier le mérite du chef de l'établissement. C'est d'une paire de bottes molles à l'écuyère qu'il s'agit, pour chausser un élégant, un général, ou mieux ou pis.

Voyons : comment va-t-il s'y prendre ? Par où va-t-il commencer ? N'ayez aucune crainte, c'est un — *vieux brave.* — Voilà trente-cinq ans qu'il fait suivre à son tranchet les lignes d'un *grand contre-fort* ainsi que la découpe d'une *languette*. Voyez-le ; dans une douzaine de veaux cirés, dits de *Bordeaux*, il en choisit deux d'égale force, bien *ras* et sans *coutelure ;* il les ploie sur le noir par la moitié, et dans chacun d'eux il *lève* une tige, — puis, à l'un il *prend* ses deux avant-pieds dans la partie de la *culée*, et à l'autre il *tire* ses deux contre-forts du *bas* en *haut ;* ce qui reste de ses deux peaux de veaux cirés, il saura l'utiliser, il en trouvera l'emploi.

Ensuite, à l'aide dune *corde* de la circonférence d'un *demi-centimètre*, il cambre la rosette de l'avant-pied, et tout cela très-facilement, sans apprêts et sans embarras. Il lui suffit de mouiller *fortement* la partie de son avant-pied, qui doit former le cou-de-pied, après avoir découpé la rondeur qui doit précéder et faciliter le *cambrage*.

Ayant ployé ses *empeignes* sur *fleur*, il aplanit les épaisseurs, et fait sortir le prêtant.

Posant son avant-pied à cheval sur la *corde* adaptée à cet effet, fixant son dessus avec deux clous à *monter*, l'un au bout, en dehors de la peau, et l'autre aux cornières, il en pose un troisième en *équerre* de *vingt-trois* à *vingt-cinq centimètres* de celui qui est au bout, à égale distance, à quelques *millimètres* près, de celui qui est le plus à l'encoignure et qui fixe l'avant-pied sur la planche, en même temps qu'il oblige le cambrage à s'opérer. Pour obtenir ce résultat, *le comprenant bien*, il faut moins de temps pour l'exécuter que pour en faire la description.

Le grand contre-fort, ainsi que la tige, doit être ployé sur *chair*. Ne pas négliger de passer légèremeut sur l'un et sur l'autre une couche de *colle de pâte* aux extrémités où doit passer le tranchet.

Cela fait, notre vieux praticien place sa tige à plat sur sa planche, en toute sa hauteur et devant lui, de manière à bien saisir l'ensemble de la botte pour lui donner, par la coupe, *l'aplomb* et la *portée* qu'elle doit conserver au *montage*.

La tige étant double, il doit prendre la moitié de ses largeurs ; c'est ce qu'il fait pour indiquer la première ligne que doit suivre le tranchet, mais il est si bien exercé à ce genre de travail, qu'il est rare si de la première coupe il ne réussit pas à réunir l'élégance aux proportions. La hauteur de la tige, il la varie suivant le goût ou le caprice de son client, ou *l'uniforme*. Il en est de même pour l'échancrure du haut de la genouillère.

L'avant-pied, il le coupe en l'ajustant au *contre-fort*.

Ayant donné à son *contre-fort* une *coupe* bien arrondie et à sa portée, il donne à la *rosette* de son *avant-pied* le genre que la mode ou le type exigent ; les proportions de l'entrée et du cou-de-pied tiennent à ces deux pièces, qu'il réunit à la tige ; à l'aide d'une *alène*, il en indique le contour.

La partie de la tige qui comprend l'avant-pied doit être enlevée jusqu'à la jointure, en observant qu'il faut toujours un centimètre de recouvrement pour la solidité de la couture. La ligne que suivra le contre-fort sera tracée jusqu'au passage du talon, c'est-à-dire *l'entrée*. Nous ne nous occuperons pas ici du travail concernant l'ouvrier ; chaque chose a sa place.

La genouillère mérite quelques observations, soit pour la manière dont on la doublera, soit pour sa façon.

J'ai, nous dit le vieux *praticien*, employé divers moyens, mais le préférable est celui que j'emploie aujourd'hui. — Et quel est-il ? — La doublure *façonnée*, c'est-à-dire vache *lisse*, apprêtée à cet usage comme on apprête les *revers* pour *jockey*. Quant au carton, je ne veux plus en entendre parler. Je préférerais la *croûte sciée* employée dans ses parties minces, qui, je m'empresse de le reconnaître, est d'un bon usage, recouverte d'une peau paille ou autre.

La coupe de la botte écuyère, celle que l'on peut appeler économique, ne diffère d'avec la première que par la surcharge du travail qu'exige l'application du grand contre-fort sur la tige ; quant aux dimensions de la coupe, elles restent les mêmes, seulement avec la différence que le contre-fort, qui doit-être piqué sur la tige, doit avoir la forme du contre-fort de la botte ordinaire ; la fermeture de la tige s'opère par une seule jointure partant du haut en bas, ce qui abrége le travail, sans rien changer aux proportions de la coupe.

Toutes les bottes, dites de cheval, quelle qu'en soit d'ailleurs la variété de forme ou de genre, reposent sur un *principe immuable,* celui de la coupe des bottes à grand contre-fort.

La botte russe, polonaise ou hussarde qui semble vouloir reparaître n'est pas sans mérite ; elle est très-gracieuse lorsqu'elle est portée en habit de ville, ce qui ne lui ôte rien de son caractère cavalier.

La coupe de ce genre de bottes, est la même, à peu de chose près, que celle de la botte civile ordinaire ; elle demande cependant que les proportions de la tige soient bien ajustées, puisqu'elle est portée collante sur le mollet. Pour donner à la botte russe toute son élégance, il faut doubler la tige sur une hauteur de 15 à 18 centimètres, suivant la hauteur de jambes, pour la rendre ferme, la doublure sera garnie d'un entre-deux, ce qui obligera quelques plis dans la partie de la tige non doublée, comprise entre la chute du mollet et la cheville.

La coupe et l'apprêtage sont, pour la botte russe, les mêmes que pour la botte ordinaire ; il n'y a donc pas sujet à faire ici une démonstration spéciale à cette fantaisie civile autant que militaire.

Choisir ses tiges veut dire : assortir les épaisseurs, les largeurs et hauteurs, les qualités et natures différentes ; éviter avec soin de ne pas accoupler une tige levée dans les *côtés*, avec une tige levée dans le *collet* ou la *culée*.

Avoir soin de faire sortir le *prétant* dans la hauteur et largeur de la tige, ainsi que dans l'avant-pied ; il est d'un bon usage de décambrer avant la coupe, quoiqu'avec mesure ; ce moyen de décambrer a pour résultat de diminuer les plis trop marqués que forme la tige vers la cheville, ainsi qu'il permet à l'ouvrier d'apprêter et coller ses *contre-forts* à plat sur la *planche*.

A l'aide de la *pane* du marteau, sur la partie de la tige, *devant* et *derrière*, ployée par moitié, vous formerez le pli ; puis vous prendrez un quart des proportions de la coupe pour faire un tracé égal sur les pièces séparées qui réunies forment la tige ; se servant d'une règle, préférablement en fer, vous donnez un premier coup de tranchet, en droite ligne, en suivant toute la hauteur de la tige ; conservant vos proportions de la mesure, vous placez votre centimètre sur l'avant-pied du cou-de-pied aux encoignures de la cambrure ; cette dimension doit être bien observée, car elle est importante, c'est elle qui oblige l'ouvrier à monter sur la forme la botte a sa *portée*, c'est ce que j'appellerai la *justification du cou-de-pied*.

Si les *derrières* sont *cambrés*, la coupe sera droite, si ils sont *plats* la coupe sera légèrement échancrée.

Dans l'un et l'autre cas, les proportions de l'entrée seront prises de préférence sur l'échancrure du devant ; si cette ligne échancrée de la coupe est pratiquée avec savoir et intelligence, elle a pour conséquence de saisir convenablement le talon du pied et le cou-de-pied dans la botte, et de rappeler le haut du contrefort sur la forme.

Pour ajuster la hauteur du devant avec le derrière, vous rapprochez les deux pièces sur la planche, de manière à reconnaître la portée que doit conserver la tige ; on laissera au derrière, s'il est coupé droit, un avant tige d'un demi-centimètre, pour tenir compte à la *rentrée* que la courbe du devant lui demande ; la hauteur des doublures doivent être de douze à quinze centimètres de hauteur.

La botte vernie ordinaire doit être coupée avec beaucoup de soin ; on doit surtout ne pas oublier que la languette, ainsi que la claque retient sensiblement l'entrée. La tige maroquin s'emploie cambrée, ou à *plat ;* cela est une affaire de prix de revient. Lorsque le devant est cambré, la coupe ne diffère en rien, comme proportions, de la tige ordinaire en veau ciré, toutefois il faut observer ce qui est signalé ci-contre.

Pour celle non cambrée, elle se *lève*, soit dans des chèvres ou dans des veaux dits maroquins ; d'aucuns ne font descendre leurs tiges que juste pour être couvertes par la claque, en faisant descendre la doublure de derrière jusqu'au bas du contre-fort, et faisant joindre la doublure qui forme l'avant-pied au maroquin. La claque, ordinairement, se monte en deux pièces, *contre-fort* et *avant-pied*. Les deux parties doivent être prises dans un vernis de grande taille et de qualité supérieure. Je ne parlerai ni de l'ajustement, ni du découpage de la claque, du *joko* ou des *passe-poils* doubles. Tous ces détails, si minutieux d'ailleurs, appartiennent à l'ouvrier, et nous n'avons donc pas à nous en occuper quant à présent.

Il est bien préférable que la doublure, devant servir d'avant-pieds, soit en *débris* de veau blanc plutôt qu'en coutil. Cette préférence doit-être accordée à cause de la difficulté qui se rencontre très souvent dans le montage de la botte verdie.

L'application du tissu élastique à la chaussure est une innovation qui n'a pas manqué d'apporter de grands changements dans la coupe, ainsi qu'un élan pour la mode. Chaque coupeur a cru devoir combiner un *modèle.* Il en est peu qui ne soient propriétaires d'un nouveau genre de chaussure; en un mot, pour rendre notre pensée plus clairement, nous n'hésitons pas à déclarer que l'emploi du tissu caoutchouc dans la fabrication de la tige, malgré ses quelques inconvénients, a donné un très bon résultat, et, sans craindre d'être contredit, que son application a occasionné un bouleversement général, c'est-à-dire la révolution dans la coupe, ce qui ne manquera pas d'être enregistré dans l'histoire de la cordonnerie au dix-neuvième siècle.

La bottine cambrée, que l'on peut appeler la rivale de la botte, est celle qui souvent, très souvent même, lui est préférée; elle se fabrique en différentes espèces de peaux, en veau ciré ou vernis, en chevreau ou veau mégis, etc. Le plus souvent elle est en veau ciré et elle s'achète cambrée comme les tiges de bottes, ce qui fait que le talent du coupeur n'a à se produire que sur les proportions.

Pour bien couper cette bottine, il n'est besoin d'avoir que deux mesures, celle de la jambe et celle de l'*entrée*, que nous conseillons de justifier presqu'à *plein.* L'élastique doit-être posé un demi-centimètre en arrière, sur une hauteur de 11 à 12 centimètres, en conservant une ligne inclinée — diagonale — partant du haut en bas, où il sera sensiblement arrondi.

La bottine à *baguette* est compliquée; elle demande plus de travail et plus de soin. La *carcasse* seulement se divise en vingt-quatre morceaux, ainsi désignés : les huit côtés de chevreau, les quatre baguettes, les quatre élastiques, les quatre côtés de doublure et les quatre tirants.

Les premiers morceaux qui doivent être coupés, ce sont les côtés de chevreau. Lorsque la peau de chevreau ou de veau mégis est sans défaut, vous la ployez sur le noir et vous coupez double, partant de la *culée* jusqu'au *collet*, et toujours en enchevêtrant les courbes du patron les uns dans les autres; ce patron doit être celui qui représente les côtés de devant; les côtés de derrière, qui sont disposés de manière à n'occasionner aucune perte, se placeront, pour les *lever*, haut et bas.

Avec le tranchet ou un crayon, on tracera une ligne qui doit se joindre au tissu élastique, et, sur cette ligne seulement, on laissera un demi-centimètre d'avantage pour suffire aux *rentrés ;* les autres lignes doivent être coupées juste au patron.

La coupe des côtés de derrière se fait pareillement, en observant toujours le rentré de la *peau* sur la ligne qui se rapporte au tissu *élastique*, les baguettes seront prises dans un chevreau destiné spécialement à cet usage; elles devront être coupées de la largeur d'un centimètre, l'apprêt les diminuera de moitié; leur longueur sera de dix-sept centimètres pour les devants et de onze pour les derrières.

Le tissu élastique se coupe *haut et bas ;* la largeur qu'il doit avoir varie suivant la pointure. En admettant un quarante-deux, il aura *six* centimètres dans le haut et *quatre* dans le bas bordant la claque. Les doublures, qui le plus souvent sont en coutil, se coupent en montant, attaquant toujours la lisière la première, et qui sera suivie par le derrière ou par le bout du *patron*. On laissera sept millimètres d'*avantage* aux coutures.

Dans tous les cas, et quel que soit l'usage qu'on en veut faire, on ne doit employer et disposer, pour être coupée, la peau de chevreau sans lui avoir fait subir préalablement la façon suivante :
Avec une éponge, vous humecterez légèrement votre chevreau sur la *chair*, puis vous l'étendrez sur une planche préparée à cet effet, ou vous la fixerez en posant une certaine quantité de petits clous autour de votre peau ; il devra rester au moins une heure ainsi fixé. Le temps que vous passerez à cette façon, vous le rattraperez largement à la coupe : d'ailleurs, c'est indispensable pour qui tient à bien faire; ce travail préparatoire est aussi recommandable à la cordonnerie en fabrique qu'à celle sur commande.

La *carcasse* en étoffe exige que la coupe lui laisse de l'*avantage* tout autour du patron — excepté dans le bas — la couture devant être ouverte et piquée devant et derrière, et le haut rentré. Quant à la pose des *patrons*, il en est comme pour le coutil, il faut suivre la lisière des étoffes.

Avant d'entrer dans d'autres détails, donnons ici les tableaux indicateurs que l'on doit connaître pour opérer en connaissance de cause, et que nous faisons précéder d'une instruction à prendre les mesures.

Pour prendre une mesure exacte on doit procéder de la manière suivante, soit pour hommes, soit pour femmes.

MESURE POUR GRANDES BOTTES..

1° Hauteur du genou, la jambe ployée;

2° Hauteur du jarrêt,   id.

3° Grosseur du genou, par dessus le pantalon (en passant le centimètre sous le jarret et le remontant sur le devant et le haut du genou); 4° Grosseur du mollet (par dessus le pantalon); — 5° Entrée (du derrière du talon sur le haut du cou-de-pied); — 6° Haut du cou-de-pied; — 7° Bas du cou-de-pied; 8° Doigts du pied;

9° Longueur (la longueur du pied peut s'obtenir de plusieurs manières, soit avec le compas, le pied levé; soit avec un centimètre que l'on applique à plat sous le pied, de l'extrémité de la rondeur du talon à l'extrémité du gros doigt, et encore le pied levé; ou en traçant le tour du pied sur une feuille de papier que l'on dispose de façon que la personne à qui l'on veut prendre mesure puisse y poser son pied à plat et d'aplomb;

MESURE POUR BOTTES ORDINAIRES. — (Hommes ou femmes).

1° Grosseur du mollet; — 2° Entrée; — 3° Haut cou-de-pied; — 4° Bas cou-de-pied; — 5° Longueur;

MESURE POUR BOTTINES. — (Hommes ou femmes).

1° Bas de la jambe; — 2° Haut cou-de-pied; — 3° Bas cou-de-pied; — 4° Doigts du pied; — 5° Longueur;

MESURE POUR SOULIERS MONTANTS. — (Hommes ou femmes).

1° Haut cou-de-pied; — Bas cou-de-pied; — 3° Doigt du pied; 4° Longueur;

MESURE POUR SOULIERS DÉCOLLETÉS ET DEMI-DÉCOLLETÉS. — (Hommes).

1° Bas cou-de-pied; — 2° Doigts du pied; — 3° Longueur;

On doit prendre les mêmes précautions et les mêmes mesures pour femmes que pour hommes.

Les différents avantages, soit en plus, soit en moins, qu'il faut donner pour chausser juste ou pour chausser à l'aise, varient à l'infini, et doivent être appliqués suivant la conformité du pied.

Un pied maigre et nerveux diminue moins (*fond moins*) dans sa chaussure qu'un pied gras et charnu.

Il faut donc laisser plus d'avantages à l'un qu'à l'autre : si vous laissez la différence d'un demi-centimètre pour chausser le pied maigre, vous devez laisser un centimètre au moins pour le pied gras, et encore l'un sera plus à l'aise que l'autre, seulement, il est bien reconnu que le pied maigre et nerveux subit peu d'influence à la marche et qu'il conserve ses mêmes proportions naturelles; tandis que le pied gras est sujet à des variations sensibles occasionnées par la marche et la température.

Observations urgentes.

Lorsqu'on veut établir un tableau métrique, proportionnel à l'usage des chaussures, n'est-on pas obligé de suivre du haut en bas de l'échelle des proportions des chiffres invariables. Quoique nous maintenions rigoureusement l'exactitude des proportions que nous donnons ici, nous déclarons cependant qu'il n'est pas moins vrai que, pour avoir une série générale de formes à chausser propres à monter des chaussures pouvant chausser tous les pieds, il faut prendre en considération les observations essentielles présentes : 1° dans les pointures pour femmes, il se pourrait qu'il fallût baisser les pointures, dans les premières largeurs, d'un centimètre ; car il est fréquent de rencontrer des pieds de femme d'une longueur de 36, qui n'ont de largeur aux doigts que 17 ou 18 cent. et au coude-pied 21 cent.

Il en est de même pour hommes, seulement au lieu de descendre, il faut monter ; ainsi, il est bien des cas où vous devez monter les pointures en longueurs 40, 41, 42, aux largeurs 43, 44, 45. Toutes ces observations ne peuvent rien changer aux tableaux. Pour obvier à ces différences, on devra ajouter des séries hors cadres, supplémentaires.

Tableaux indicateurs des proportions par séries du point 18 au 45 correspondant aux centimètres 12 à 31.

Largeur des pieds, leurs différences mathématiques, proportions réservées.

Les longueurs sont indiquées par pointures techniques, et les largeurs par centimètres.

Tableau des longueurs qui entrent dans chaque série, et le rapport en centimètres, avec la longueur en points.

ENFANTS

18 points	12 centimètres	3/4
19	13	1/2
20	14	
21	14	3/4
22	15	1/2
23	16	
24	16	3/4
25	17	1/2
26	18	

FILLETTES

27	18	3/4
28	19	1/2
29	20	
30	20	3/4
31	21	1/2
32	22	1/4
33	23	

FEMMES

34	23	1/2
35	24	1/4
36	25	
37	25	1/2
38	26	1/4
39	27	
40	27	3/4

HOMMES

38	26	1/4
39	27	
40	27	3/4
41	28	1/4
42	29	
43	29	1/2
44	30	1/4
45	31	

Tableau proportionnel des différentes grosseurs par pointures en longueur et par numéro d'ordre en largeur.

Largeur des formes pour hommes, pour chausser bourgeoisement, en observant les proportions mathématiques et naturelles.

Long. par point.	1	2	3	4	5
37	19	19 1/2	20	20 1/2	21
	20 1/2	21	21 1/2	22	22 1/2
38	19 1/2	20	20 1/2	21	21 1/2
	21	21 1/2	22	22 1/2	23
39	20	20 1/2	21	21 1/2	22
	21 1/2	22	22 1/2	23	23 1/2
40	20 1/2	21	21 1/2	22	22 1/2
	22	22 1/2	23	23 1/2	24
41	21	21 1/2	22	22 1/2	23
	22 1/2	23	23 1/2	24	24 1/2
42	21 1/2	22	22 1/2	23	23 1/2
	23	23 1/2	24	24 1/2	25
43	22	22 1/2	23	23 1/2	24
	23 1/2	24	24 1/2	25	25 1/2
44	22 1/2	23	23 1/2	24	24 1/2
	24	24 1/2	25	25 1/2	26
45	23	23 1/2	24	24 1/2	25
	24 1/2	25	25 1/2	26	26 1/2

Largeur des formes de femmes.
Par centimètres.

Larg. par point.	1	2	3	4	5	6
34	16 1/2	17	17 1/2	18	18 1/2	19
	18	18 1/2	19	19 1/2	20	20 1/2
35	17	17 1/2	18	18 1/2	19	19 1/2
	18 1/2	19	19 1/2	20	20 1/2	21
36	17 1/2	18	18 1/2	19	19 1/2	20
	19	19 1/2	20	20 1/2	21	21 1/2
37	18	18 1/2	19	19 1/2	20	20 1/2
	19 1/2	20	20 1/2	21	21 1/2	22
38	18 1/2	19	19 1/2	20	20 1/2	21
	20	20 1/2	21	21 1/2	22	22 1/2
39	19	19 1/2	20	20 1/2	21	21 1/2
	20 1/2	21	21 1/2	22	22 1/2	23
40	19 1/2	20	20 1/2	21	21 1/2	22
	21	21 1/2	22	22 1/2	23	23 1/2

Long. par point.	Largeur pour garçonnets par centimèt.		Long. par point.	Largeur pour fillettes par centimèt.	Long. par point.	Largeur pour enfants par centimèt.
	1	2				
27	14 1/2	15	27	14 1/2	18	10
	16	17 1/2		16		11 1/2
28	15	15 1/2	28	15	19	10 1/2
	16 1/2	17		16 1/2		12
29	15 1/2	16	29	15 1/2	20	11
	17	17 1/2		17		12 1/2
30	16	16 1/2	30	16	21	11 1/2
	17 1/2	18		17 1/2		13
31	16 1/2	17	31	16 1/2	22	12
	18	18 1/2		18		13 1/2
32	17	17 1/2	32	17	23	12 1/2
	18 1\2	19		18 1/2		14
33	17 1/2	18	33	17 1/2	24	13
	19	19 1/2		19		14 1/2
34	18	18 1/2			25	13 1/2
	19 1/2	20				15
35	18 1/2	19			26	14
	20	20 1/2				15 1/2
36	19	19 1/2				
	20 1/2	21				

Largeur des formes pour chaussures des travailleurs et pour chaussures militaires. — Tableau des proportions.

Long. par point.	Largeur par centimètres.				
	1	2	3	4	5
38	20 1/2	21	21 1/2	22	22 1/2
	22	22 1/2	23	23 1/2	24
39	21	21 1/2	22	22 1/2	23
	22 1/2	23	23 1/2	24	24 1/2
40	21 1/2	22	22 1/2	23	23 1/2
	23	23 1/2	24	24 1/2	25
41	22	22 1/2	23	23 1/2	24
	23 1/2	24	24 1/2	25	25 1/2
42	22 1/2	23	23 1/2	24	24 1/2
	24	24 1/2	25	25 1/2	26
43	23	23 1/2	24	24 1/2	25
	24 1/2	25	25 1/2	26	26 1/2
44	23 1/2	24	24 1/2	25	25 1/2
	25	25 1/2	26	26 1/2	27
45	24	24 1/2	25	25 1/2	26
	25 1/2	26	26 1/2	27	27 1/2
46	24 1/2	25	25 1/2	26	26 1/2
	26	26 1/2	27	27 1/2	28

Aucune indication ne sera négligée, nous voulons renseigner le mieux possible, et pour cela nous ne reculerions point en face la nécessité de tomber dans les redites souvent obligées pour bien faire comprendre certains détails utiles.

De la construction et de la conformité des formes qui doivent servir à chausser les pieds sur lesquelles les mesures ont été prises dépend principalement la réussite de bien chausser ; c'est donc avec beaucoup de soins et beaucoup d'attention que les chausseurs sur mesure doivent *garnir* les formes et en disposer le dessous (la *tournure*), conformément aux pieds à chausser.

Si le pied est plat et large,

Si les doigts sont raccourcis,

Si le talon est gros,

la forme doit être plate et large de semelle en cambrure, — le bout large (qu'il soit rond ou carré) et le talon fort.

Si, au contraire, le pied à chausser est creux en cambrure, relevé des doigts, que les doigts soient effilés et le talon mince et rond, la forme doit être échancrée en cambrure, relevée du bout, le talon étroit et arrondi ; dans ce cas seulement, le bout peut être pointu, si le genre plaît ou est de mode.

En somme, il faut toujours que le chausseur sur mesure observe le pied pour en reproduire la conformité le plus exactement possible sur la forme.

Si toutes ces conditions sont remplies et que la main-d'œuvre de l'ouvrier soit également bien exécutée, vous n'aurez pas à craindre que la chaussure se déforme, s'écule ou gêne le pied à la marche.

Tout cela, certes, demande du temps ; c'est à vous de savoir si votre client le payera !

Nota. Autant que possible, nous tenons compte aux observations, ainsi qu'aux renseignements qui nous sont adressés ; cependant, tout d'abord, nous insistons auprès de ceux de nos collègues qui veulent bien nous tolérer et accorder à cet ouvrage quelque mérite pour qu'ils prennent en sérieuse considération que nous ne pouvons traiter ici, économie et projets, qu'au point de vue général ; aux intéressés le soin de modifier ce que nous proposons suivant leurs besoins, leurs aptitudes, et leurs moyens.

A la fin du volume, nous conclurons par plusieurs exposés succincts et rapides sur la meilleure condition a adopter pour réussir dans l'une des quatre positions sociales qui constituent un établissement : soit maître cordonnier-bottier à clientèle ; soit marchand de chaussures en magasin ; soit fabricant de chaussures à la commission ; soit, enfin, manufacturier, grand fournisseur, exportateur.

Soyez persuadé, estimables collègues, que si nous sommes passibles de commettre des erreurs, nous ne commettons pas de fautes, car nous n'avançons rien sans nous être renseignés, parfaitement renseignés par nous-mêmes. Soyez donc indulgent et sévère, — indulgent en nous signalant nos erreurs, assurément nous devons en commettre et de grandes sans doute ; sévère en réprimant énergiquement nos fautes.

Nous n'avons pas le droit d'en commettre.

Erreur n'est pas *faute.*

CHAPITRE DEUXIÈME

LE FABRICANT ET LE PRIX DE REVIENT. — L'ACHAT ET LA VENTE. LA MARCHANDISE ET LE CONSOMMATEUR.

C'est encore aux chiffres, toujours aux chiffres que nous aurons recours : car les chiffres seuls sont concluants, cela d'autant mieux que, pour les obtenir et les publier exacts, nous avons fait plus que le possible, rien n'a été négligé, ni voyages, ni correspondances; ils sont bien le résultat d'expériences sérieuses et approfondies. C'est donc en toute confiance que vous pourrez les consulter, et, s'ils vous donnent satisfaction, les accepter, en les soumettant toutefois à l'épreuve et les modifiant suivant les besoins et l'utilité de votre fabrication.

TIGES DE BOTTES

	ÉCUYÈRES en veau ou vache vernies grainées		ÉCUYÈRES veau ciré		RUSSE et FRANÇAISE fantaisie		ORDINAIRES en veau ciré de Bordeaux	
	coût.	vente	coût.	vente	coût.	vente	coût.	vente
Prêtes à monter	35	50	28	38	13	20	9 25	12
Levées seulement	20	25	14	18	8	10	7 25	· 9

TIGES DE BOTTINES

	VACHE et VEAU vernis cambrés		VEAU verni tiges chevreau ou satin		VEAU ciré cambrés		CHÈVRE cambrées	
	coût.	vente	coût.	vente	coût.	vente	coût.	vente
Prêtes à monter	5 »	7 50	4 75	7 »	3 75	6 »	3 50	5 50
Levées seulement	3 25	5 50	» »	» »	2 25	4 50	2 »	4 »

DESSUS DE SOULIERS LACÉS ET ÉLASTIQUES.

	VEAU et VACHE vernies grainées élastique.		VEAU ciré élastique.		VEAU et VACHE vernis grainés lacés.		VEAU ciré lacés	
	coût.	vente	coût.	vente	coût.	vente	coût.	vente
Prêt à monter	3 25	4 50	3 »	4 »	2 60	3 25	2 40	3 »
Levés seulement	2 40	3 »	2	2 50	2 10	2 50	2 »	2 50

DÉTAIL DES SORTES.	PRIX de REVIENT		PRIX DE VENTE			
			DÉTAIL pour Paris et la province		COMMIS-SION EXPOR-TATION	
BOTTES.						
Veau verni, tige maroquin	17	»	25	»	22	»
Veau ciré, à patins.	12	30	19	»	17	»
Veau ciré, à doubles semelles.	12	»	18	»	16	50
Veau ciré, à simples semelles.	11	»	17	»	16	»
BOTTINES.						
Vache vernie, à patins	10	»	18	»	14	»
Vache vernie, à doubles semelles	9	»	17	»	13	»
Veau ciré, cambrée, à patins.	9	»	18	»	13	»
Veau ciré, cambrée, doubles semelles . .	8	50	17	»	12	50
Veau ciré, cambrée, simples semelles . .	8	»	16	»	12	»
Veau verni, cambrée.	9	»	16	»	13	»
Veau verni, tige chevreau . . . . . : .	8	50	16	»	12	50
Veau verni, tige satin	8	50	16	»	12	50
Chèvre cambrée	7	50	16	»	11	»
Veau, cambrée, simples semelles 2e choix	6	50	14	»	11	»
Vernie, tige chevreau, 2e choix . . .	8	»	15	»	13	»
Vache, vernie, cambrée, à patins, 2e choix.	9	»	16	50	15	»
MULES DE CHAMBRE.						
Maroquin, couleurs diverses	5	»	8	50	8	»
Veau mort-né	5	»	8	50	8	»
SOULIERS.						
Vache vernie, élastiques, à patins. . .	8	25	12	50	11	»
Vache vernie, élastiques, doubles semelles.	7	»	11	»	10	»
Vache vernie, lacés, à patins.	8	»	12	»	10	50
Vache vernie, lacés, doubles semelles. .	6	75	11	»	9	50
Veau ciré, élastiques, à patins. . . .	8	»	12	»	9	50
Veau ciré, élastiques à doubles semelles.	7	»	11	»	9	»
Veau ciré, élastiques, simples semelles.	6	50	10	50	8	50
Veau ciré, lacés, doubles semelles. .	6	50	11	»	8	50
Veau ciré, lacés, simples semelles. .	6	»	10	»	8	»
Veau verni, élastiques de côté. . . .	7	»	11	»	9	50
Veau verni, lacés ou Molière. . . .	6	75	10	»	9	»
Chèvre, élastiques de côté.	6	50	10	»	9	»
Chèvre, lacés ou Molière.	6	»	10	»	8	50
Escarpins, veau verni.	6	25	9	»	8	50
Brodequins, veau, de chasse. . . .	7	50	13	»	11	»
Brodequins, croupons, d'exportation. .	6	»	10	50	8	50
Souliers, croupons, d'exportation. .	5	50	9	50	7	50
NAPOLITAINS.						
Vache vernie, doubles semelles. . .	7	25	12	»	10	»
Veau ciré, doubles semelles. . . .	6	75	11	»	9	»
Veau ciré, simples semelles. . . .	6	50	10	»	8	50
Veau verni, simples semelles. . . .	7	25	11	»	10	»

Nota. — Soit par l'escompte, le terme, la remise et la commission accordée sur des ventes ou frais de voyage sur celles en gros, les prix de vente sont approximativement diminués d'environ 10 0/0.

En résumé, et sauf les frais généraux de la fabrique et des magasins, les ventes donnent net, approximativement :

POUR CELLES A L'EXPORTATION ET EN GROS, 30 0/0 sur les prix de revient, 40 0/0 sur ceux de vente.

POUR CELLES EN DÉTAIL PAR LES MAGASINS, 65 0/0 sur les prix de revient, 40 0/0 sur ceux de vente.

Il s'agit d'un article de nécessité première, bon, bien fait, et d'un écoulement immense.

Produire et déboucher sont donc les deux faits à réaliser, et avec les resources nécessaires, rien n'est plus facile.

Nous ne donnons ici les prix de revient que pour la partie d'hommes, qui est la plus difficile à exploiter. Nous laissons à nos lecteurs à statuer sur les articles de confection pour femmes et enfants, *articles si variés*, qu'il nous serait impossible d'en examiner le *coût* et la *vente*.

Afin que chacun puisse se renseigner, nous ajoutons aux tarifs ci-dessus une série de prix-courants, articles spéciaux de marchandises à employer, que l'on devra consulter et comparer.

Nota. — Il est évident que si vous employez des marchandises (cuirs, peaux, etc.), et que vous établissiez des façons d'une qualité qui ne répondent pas à la qualité de la chaussure que l'on veut établir, il y aurait déception soit, que le prix de vente ne laisse aucun bénéfice, soit que la chaussure confectionnée soit d'un mauvais placement.

En fabrication, il faut approprier le moindre détail économique à l'ensemble, c'est là le vrai mérite du fabricant, c'est là qu'est la réussite, souvent la fortune !

MERCERIE POUR CHAUSSURES

		fantaisie.	soie.	extra.	organsin.
Tissus élastiques,	13 c.	2 75	4 25	5 25	5 75
—	11 c.	2 10	3 10	4 »	5 »
—	6 c.	1 40	1 60	2 10	» »
—	5 c.	1 10	1 25	1 60	» »

			2e larg.	1re larg.
Taffetas noir pour nœuds, attaches, 12 m. à la pièce,			I 75	2 50
—	—	55 —	7 »	9 80
Galons croisés à border supérieur,	15	—	1 30	1 80
—	— 2e qualité, »	—	1 25	2 40
—	— fantaisie, »	—	» 85	1 10
unis	— ordinaire, »	—	1 90	1 30

	mi-fin.	fin.
Lacets de soie pour souliers ou bottines, le kil.	70 »	85 »
— de couleur et blanc. —	110 »	» »
— ronds tout soie, les 100 grammes......	7 »	» »
— n° 10, coton, 12 pièces pl. par 5 mètres.	1 15	» »
— — — par 10 mètres.	2 10	» »
Le ferrage se fait à volonté à la longueur de la demande; le prix du ferrage par grosse....	» 90	» »
Tirants de bottes, par 12 pièces.	14 »	24 »
— bottines pour hommes —	9 »	16 »
— pour dames —	7 »	15 »

ÉTOFFES POUR CHAUSSURES

			3e qlt	2e qlt	1re qlt
Satin drap,	par 70 c. de larg., le mèt.		6 »	7 »	10 »
zéphir,	» c.	—	3 »	3 50	4 70
—	140 c.	—	» »	5 75	6 25
français,	52 c.	—	4 50	5 50	6 »
la reine,	70 c.	—	» »	5 »	6 »
indien,	65 c.	—	» »	1 80	2 »
Coutil fantaisie,	65 c.	—	» »	2 40	» »
de fil écru,	70 c.	—	» »	» »	1 60
gris pour doubl.,	140 c.	—	2 »	2 50	3 »
blanc —	140 c.	—	2 25	2 75	3 25
Castor,	» c.	—	4 25	6 »	7 50
Canevas en bande,	» c.	—	» 90	1 10	» »
Velours,	» c.	—	2 50	3 »	4 25
Feutre,	» c.	—	» »	9 »	11 »
Molleton uni et croisé,	140 c.	—	2 30	3 »	3 50
Flanelle blanche,	70 c.	—	» «	1 75	3 »
— couleur.	110 c.	—	» »	3 »	3 25

CRÉPINS ET CLOUTERIE

FIl anglais, la livre de 400 gr., gris
    et jaune.......... n° 17, 4 80, n° 25, 5 25, n° 30, 6 40
Fil franç., la l. de 400 gr., gris, n° 2, 1 80, n° 5, 2 30, n° 6, 2 90
    —   —   jaune,   n° 17, 3 60, n° 25, 4 »
Fil de chanvre dévidé,   n° 4, 2 80, n° 5, 2 90, n° 6, 3 60
Chevilles en fer d'ordonnance, les 100 kil.   32 » » »
    — moyennes,   —   n° 16, 48 » » »
    — à patins,   —   68 » » »
    en cuivre à river,   le kil.   3 » » »
    en tôle.   » 72 » »
Pointe tête d'hommes, n° 12, 27 millimètres, le kil.   » 75 » »
    sans tête, n° 10, 18 millimètres,   » 85 » »
Semence à monter....... 2 onces, 4 fr.; 1 once,   2 50 » »
Béquets d'ordonnance, tôle n° 19,   les 100 kil. 56 » » »
    — moyens, fil de fer n° 16,   —   90 » » «
Lacets en cuir pour bottes fantaisie et souliers chasse, en 150 c., le
    cent, 18 fr.; en 120 c., 16 fr. le cent.
Lacets en soie, en 120 c., la paire, 40 c,

CUIRS VERNIS

Les prix varient suivant marques et qualités

Prix courants.

Veaux extra G., la douz..	120 fr.	Veaux écarts ext. G., la d.	100 fr.
— extra............	110 fr.	— extra......	90 fr.
— N° 1.............	100 fr.	— N° 1........	80 fr.
— N° 2.............	90 fr.	— N° 2........	70 fr.
— N° 3.............	75 fr.	— N° 3........	55 fr.
— N° 4.............	65 fr.	Chèvres vern. ext. G., la d.	90 fr.
— N° 5.............	55 fr.	extra..........	80 fr.
		— N° 1...........	70 fr.

VAGHES VERNIES GRAINÉES POUR CHAUSSURES

		MOUTONS VERNIS POUR CHAUSS.	
Extra G., la douzaine....	80 fr.	Extra G., la douzaine....	55 fr.
Extra.................	75 fr.	Extra.................	50 fr.
N° 1.................	70 fr.	N° 1.................	45 fr.
		N° 3.................	40 fr.

TARIF APPROXIMATIF DU PRIX DES FAÇONS PAYÉES EN 1870 AUX OUVRIERS

Hommes (cousu) du 38 au 45.   la paire.

Pieds de bottes ou de bottines vern. ou maroq., façon supérieure. 8 » à 9 »
    —   —   — première façon,.. 6 » à 7 »
    —   —   — façon ordinaire... 4 » à 5 «
    —   de souliers   — première façon... 4 » à 5 »
    —   —   — façon ordinaire... 3 50 à 4 «
    —   —   veau ciré première façon... 3 50 à 4 »
    —   —   — façon ordinaire... 2 50 à 3 »

Façons supplémentaires.   la paire.

Liéges ou patins dégagés	première façon...	2 50 à 3 50
—	façon ordinaire...	1 50 à 2 25
Patins pleins cousus ou cloués	première façon...	2 » à 3 »
—	façon ordinaire...	1 » à 1 50
Patins en dessous ou chapelet	première façon...	1 » à 1 25
—	façon ordinaire...	» 50 à » 75

Chasse (cousu),   la paire.

Pieds de bottes, de brodeq. ou souliers, simple couture, débordés.		5 » à 6 »
— — d. cout. piq. en b. et ferr.		7 » à 9 »
— — simple —		4 » à 4 50

Chasse (vissé).   la paire.

Pieds de bottes, de brod, ou souliers, sem. débord. (dites provenç,)		3 50 à 4 50
— — doubl, semelles. lisses coll..		3 » à 4 »

CONFECTION VISSÉE

Hommes du 38 au 45   la paire.

Pieds de bottes ou de bottines	première façon...	3 0 à 3 50
— —	façon ordinaire...	2 50 à 2 75
— de souliers veau ciré, vernis ou maroq,	première façon...	2 50 à 3 »
— — —	façon ordinaire...	2 10 à 2 40
— de garçonnets — —	façon ordinaire...	1 50 à 1 95

Femmes (rivé) du 34 au 40.   la douzaine.

Pieds de bottines à tal. (claq. ou en chev., etc.)	façon supérieure.	24 » à 36 »
— —	première façon...	18 » à 21 »
— —	façon ordinaire...	15 » à 18 »
— (étoffes ou coutils)	façon supérieure.	22 50 à 33 »
— —	première façon...	16 « à 18 »
— —	façon ordinaire...	13 50 à 15 »

Fillettes (rivé) du 26 au 34.   la douzaine.

Pieds de bottines à talons (claqués ou en peaux)	façon supérieure.	20 » à 32 »
— — —	première façon...	15 » à 16 »
— — —	façon ordinaire...	10 » à 12 »
— — (étoffes)	première façon...	12 » à 14 »
— — —	façon ordinaire...	8 » à 9 »
— sans talons (claq. ou en peaux)	première façon...	6 » à 7 »
— — —	façon ordinaire...	4 50 à 5 50
— — (étoffes ou coutils)	première façon...	4 » à 4 75
— — —	façon ordinaire...	3 » à 3 75

Enfants (rivé) du 18 au 26.   la douzaine.

Pieds de bottines à talons (claq. ou en peaux)	première façon...	12 » à 15 »
— — —	deuxième façon..	9 » à 11 »
— demi-talons —	troisième façon..	4 » à 8 »

Différence en moins pour l'étoffe ou le coutil, 1 fr. par douzaine.

— sans talons (peaux et étoffes)	première façon...	4 » à 6 »
— — —	façon ordinaire...	2 50 à 3 50

PIQURES A L'ALEINE ET LA MACHINE

		aleine.	machine,
Soul.ers vern. à élastiq. de côté,	la douzaine.	9 » à 12 »	6 » à 7 »
— veau — piqué en cordonn., la d.		6 75 à 9 »	5 50 à 6 50
— — — en fil rouge, la d.		6 50 à 8 50	5 » à 6 »

—   veau ou v. lac. — en cordonn., la d. 2 40 à 3 25   1 2 »75 à
—   —   — en fil rouge, la d. 2 20 à 3 »   1 60 à 2 »
Cascasse chevreau à bag. pour hommes, la d. 8 » à 9 »   6 « à 7 «
Claquage veau verni double rang, la douzaine. 8 » à 10 »   6 » à 7 »
—   cire   —   —   7 » à 9 »   5 » à 6 »
Napolitains hommes contref. piqués, double rang
  de piqûres sur les côtés,   la douzaine. 6 » à 7 »   3 » à 4 »
Napolitains garçonnets,   —   3 50 à 5 »   2 25 à 2 75
Souliers vernis à élastiques garçonnets, —   7 » à 8 »   5 » à 6 ».
—   veau   —   —   —   5 25 à 6 25   4 25 à 5 »
Bottines veau cambrées, hommes,   —   15 » à 24 »   6 » à 9 »
—   à goussets ou à cœur, homm., la d. 18 » à 27 »   8 » à 12 »

PIQURES A L'AIGUILLE ET A LA MACHINE

                                 aiguille.   machiue.

Carcasse de bottines d'h. (chev. ou étoffes), la d. 15 » à 18 »   5 » à 9 »
Claquage   —   (veau ou verni),   la d. 9 » à 12 »   4 » à 6 »
Tiges c. ou cout. dr. (chev. ou ét.), hom., la d. 18 » à 24 »   6 » à 9 »
—   —   femmes, la d. 15 » à 18 »   5 » à 7 »
— à élast. chev. ou étoffes cl.   —   la d. 15 » à 27 »   7 » à 9 »
— lacées dessus —   —   la d. 15 » à 27 »   6 » à 8 »
—   — de côté —   —   la d. 12 » à 18 »   6 » à 8 »
— à élastiques   —   couture droite la d. 12 » à 21 »   4 » à 5 50
— lacées dessus —   —   la d. 12 » à 21 »   4 50 à 5 50
—   — de côté —   —   la d. 8 » à 15 »   4 50 à 5 50

Supplément pour les claques anglaises à cœur ou fantaisies appliquées aux tiges coutures droites, 3 fr. par douzaine à l'aiguille, et 1 fr. 50 à la machine.

Pour tous les genres de tiges de femmes. — Différence en moins pour les *fillettes*, du 26 au 34, à l'aiguille ou à la machine : 10 0/0, — et pour les enfants, du 18 au 26 : 20 0/0.

TRAVAUX SPÉCIAUX DE PIQURES ET DE JOINTURES

Tiges de bottes vern. (joko et p.-p. doub.), la paire 6 » à 7 »   4 » à 5 »
—   —   (unies et p.-p. simp.),   —   5 » à 6 »   3 » à 4 »
— de bottes éc. v. gr. contr. (ouvragées(, —   18 » à 30 »   10 » à 15 »
Tiges de bottes écuyères ver. couture droites —   6 » à 12 »   3 » à 5 »
— de brod. de f. (écoss., Balmoral, etc.); —   6 » à 8 »   3 » à 5 »
Tiges de bottes russes, françaises et fantais. —   4 » à 6 »   2 » à 3 50
—   ordinaires en veau ciré,   —   1 75 à 2 50   1 25 à 1 50

Prix de revient de différentes fabrications obtenus par le système divisionnaire du travail :

CHAUSSURES VISSÉES		CHAUSSURES MIXTES	
	fr. c.	Devants cousus, cambrurés vissées.	fr. c.
Montage.......... la paire	» 38	Montage.......... la paire	» 25
Vissage........... —	» 13	Couture........... —	1 »
Déformage........ —	» 90	Vissage........... —	» 08
Talonnage........ —	» 04	Déformage........ —	1 »
		Talonnage........ —	« 04
Total, façon de la paire.... 1 45		Total, façon de la paire.... 2 37	

En moyenne, dans ces conditions, l'ouvrier peut gagner de Cinq 6 francs par jour.

Ces chiffres, relevés dans plusieurs fabriques de différentes localités, viennent à propos pour confirmer notre dire, et prouver à nos contradicteurs que la fabrique n'est point appelée à détruire la cordonnerie, mais bien à aider et faciliter la production ; donner au consommateur du bien-être et du luxe, en lui livrant des chaussures à proximité de sa bourse, ainsi que de la considération à ses industriels, en leur ouvrant la grande voie commerciale.

Augmenter le salaire du travail !

Faire baisser les prix de revient !

Laisser à la fabrication ses bénéfices !

Voilà le problème qu'il faut résoudre !

L'outillage mécanique et la distinction des aptitudes s'en chargeront !

Que les cordonniers sachent bien que c'est eux qui doivent obtenir ce grand résultat s'ils veulent en jouir ! Fermer sa porte, n'empêchera pas la procession de passer, nous conseillons à nos collègues de la conduire, car, plus tard, il faudrait la suivre.

Que faut-il faire pour la conduire? Essayons de le démontrer.

L'enseignement, les démonstrations économiques ; les connaissances approfondies d'une industrie quelconque ne peuvent se soutenir à l'absolue ; les sciences mathématiques seules ont ce privilége.

· Nous affirmons l'exactitude des chiffres que nous posons.

— Nous affirmons qu'ils sont exacts, qu'ils sont le résultat d'expériences laborieuses, souvent répétées ; recommencées vingt fois, et vingt fois résolues.

Nous n'en déclarons pas moins, que nous ne prétendons pas donner à nos chiffres, plus d'autorité qu'ils ne peuvent en comporter.

Les chiffres, quoique chiffres sont susceptibles de changer de valeur, en changeant d'importance ; ils subissent la loi commune, qui consistent, « de la manière de s'en servir, » pour les faire valoir ; ce qui fait, qu'étant posés de la même façon, mais d'une utilité différentes, ils seraient favorables pour les uns, et redoutables pour les autres.

Le billet de banque, la pièce de vingt francs peut tres-honnêtement, très-légalement. perdre ou gagner 10 0/0, suivant les mains qui en disposent, et le savoir faire qui les employent.

Exemple :

Supposons en présence, deux commerçants intègres et laborieux qui comprennent sérieusement les affaires surtout sachant les faire primer, suivant le cas et les circonstances ; — de ceux-là, il y en a ; il y en a beaucoup parmi ceux qui réussissent.

Nous disons donc : que l'un PAUL, c'est le nom propre que nous emploierons pour le désigner,

Paul est acheteur, bon acheteur, pour lui l'argent n'est point une valeur déterminée, invariable; pour lui, l'argent c'est une marchandise ayant cour forcé ; c'est un métal privilégié dont les besoins consacrent le taux.

Paul comprend que le prix de l'argent varie suivant les opérations, suivant les acheteurs, suivant les vendeurs, suivant les lieux, suivant les époques ; c'est là toute sa morale commerciale en rapport à l'argent ; aussi lorsqu'il traite d'un achat quelconque, ne pose-t-il les conditions de payement, qu'après avoir bien établi et déterminé le prix de vente ; alors il offre payement à 90, 60 ou 30 jours ; puis enfin au comptant ; ou bien : il feint la gêne, il est dit-il sans fond, il lui conviendrait de régler à longs termes ; enfin, *gasconnade* ou *truc*, toujours est-il qu'il obtient ce qu'il convoitait, une échéance éloignée à exploiter ; car le lendemain, si ce n'est sur l'heure, il s'est, dit-il, procuré des fonds, et il offre à son vendeur de lui escompter en *espèces sonnantes* la signature qu'il lui a fournie la veille, quelquefois à l'instant même.

Agir de la sorte, employer des moyens semblables, n'est-ce pas racheter sa créance au rabais, car croyez-bien que toutes ces combinaisons, ne se font qu'en vue de calculs d'intérêts et de remise forcée sur la somme librement consentie, et légitimement due.

En somme Paul travaille loyalement, et la presque généralité des commerçants, parmi mêmes les plus scrupuleux, ne trouveraient rien à reprendre, ni à redire à ses opérations ; qui sont généralement en usage et admises dans le commerce ; c'est ce que l'on peut appeler de *l'habileté* en industrie *financière*.

Il faut cependant reconnaître que *coutume faisant loi*, la loi commentée par Paul, subit une jurisprudence bien décolletée.....

Si Paul est vendeur, cela lui arrive quelquefois, le commerce c'est le négoce. Ah ! alors, c'est autre chose : il retourne à ses avantages et à ses profits, ce qu'il appelle ses *habitudes* en *affaires !*

Pierre procède autrement, il est *marchandeur*, il est *lésineur*, c'est vrai, mais il ne donne au *billet de banque*, ainsi qu'à la pièce de vingt francs, aucune autre valeur reconnue par la loi.

Lorsqu'il achète, Pierre déclare son mode de payement sur l'offre.

J'offre tout comptant, dit-il, sans ou avec escompte de deux, trois ou cinq pour 100, suivant l'article : ou je paye à telle ou telle échéance, avec ou sans intérêts ; ou encore je payerai en échange de marchandises, valeurs estimées.

Pierre est aussi un bon acheteur, mais *Pierre* n'est pas *Paul*, il n'est pas financier. Paul est précieux, bon acheteur et *financier*, qualité importante, qui fait comprendre et entrer dans ses moindres opérations de commerce un calcul de *finance* ; voilà en quoi l'un et l'autre ils diffèrent : la différence est visible. Le commerce, les affaires ont leurs nuances, nuances si variables qu'il est difficile d'en établir les chances et les couleurs en théorie.

Généralement il se dit et se répète : Tel, c'est bon, un vendeur c'est un bon acheteur. Ces deux qualités se trouvent rarement réunies chez la même personne, du reste l'une des deux qualités peut suffire pour que l'on soit un bon commerçant.

Il est vrai que si l'on n'a pas l'une ou l'autre de ces deux qualités désignées ici ; il serait difficile de conduire, diriger et mener à bon résultat un établissement quelconque, soit comme fabrication ou commerce de chaussures.

L'on peut être un Artiste distingué, un Savant, un Académicien, un Général, un Poëte, etc., sans posséder, ce qu'en expression vulgaire l'on est convenu d'appeler : l'*intérêt* des affaires ; le *tact* du voyageur ou du courtier ; l'habileté du *Doit* et *Avoir* ; l'*intelligence* du commerce.

Eh bien ! aujourd'hui, en considérant les différentes chances de réussite, et pour réussir, il serait peut-être préférable ; plus utile, et plus à propos, d'être bon commerçant, que d'être bon cordonnier pour vendre en gros les chaussures que l'on confectionne en fabrique. J'ai souvent entendu qualifier très-sévèrement ces gens qui font métier de prêter leur argent, ce sont, dit-on, des usuriers !...

Puisque nous sommes sur ce sujet, je vais vous dire ce que je pense de la *loi* sur l'*usure*.

En principe, on la trouve mauvaise, car elle est injuste, et je le prouve.

L'argent est-il, ou n'est-il pas une marchandise ? pour moi il est marchandise ; d'ailleurs les *trafics* de bourse, et les banquiers, qui sont des *marchands d'argent*, vous obligent, que vous le vouliez, ou que vous ne le vouliez pas, à le recevoir et l'accepter ainsi, c'est incontestable.

Or donc, l'industriel, le commerçant qui pour produire un objet, ou conclure une opération d'affaire, a besoin de 500 fr. et avec cette somme de cinq cent francs (je dis cinq cents comme je dirai vingt mille) il obtient des bénéfices de *cent* pour *100*, ne peut-il pas accorder légalement une commission de *vingt-cinq* pour *100* à celui qui lui a fourni la *somme*, métal-marchandise, sans laquelle, il ne pouvait ni *produire*, ni *opérer*, ce qui lui aurait fait éprouver une perte réelle, faute de gagner, d'un bénéfice de 75 pour 100.

Je pourrais donner d'autres exemples pour établir solidement que l'argent est une marchandise, dans les conditions présentes de l'*industrie* et de l'*agiot*, afin de faire sentir à mes lecteurs que la loi sur l'usure, toute morale qu'elle paraisse, peut empêcher un capital de venir aider et prêter son appui au savoir-faire industriel.

La discussion sur ce sujet n'est pas épuisée, nous y reviendrons, et nous développerons alors complètement nos idées.

Autre exemple : d'un autre genre d'opération.

J'ai acheté deux cent douzaines de veaux, au prix de cinquante francs la douzaine, je dois payer à 30 jours, en date de l'achat.

J'ai acheteur pour cent douzaines au prix de soixante-quinze francs payable à 90 jours.

A l'échéance des trente jours, je n'ai pas les fonds pour satisfaire au payement des 200 douzaines. Je ne puis trouver un acquéreur au comptant pour les 100 douzaines qui me restent à placer ; cependant, il faut payer. Arrive l'avant-veille, puis la veille de l'échéance ; la position est la même. Malgré toute diligence, je n'ai pu trouver acquéreur à bonne condition. Le lendemain il faut payer, que dois-je faire ?

Je connais un fabricant qui est toujours acheteur au comptant, car il garde son argent en réserve pour profiter des occasions, bonnes pour lui, désastreuses pour les autres. Je lui porte donc une douzaine de mes veaux, comme échantillon ; je lui en déclare 100 douzaines même sorte. Ils lui conviennent ; ils feraient son affaire s'il en avait besoin ; cependant, il en offre un prix : c'est à prendre ou à laisser. La valeur qui diffère, me dit-il, du prix réel de votre marchandise, je la reporte sur l'argent comptant que je vais vous donner. Libre à vous de garder votre marchandise, si l'argent que je peux vous donner en échange ne vous est pas d'un besoin absolu !...

Je livre les 100 douzaines ; avec le prix que j'en reçois, je puis payer le lendemain.

J'ai vendu la première partie avec un bénéfice de 50 0/0. J'ai vendu la seconde partie avec perte de 25 0/0. Je n'en ai pas moins fait une bonne affaire ; je n'ai perdu que les bénéfices que j'ai manqué de gagner, et j'ai conservé mon crédit.

De son côté, X... a vendu son argent comptant ; cela lui arrive souvent ; il est connu pour avoir en réserve un capital pour ce genre d'opération et obliger, dit-il, le petit commerçant dans la gêne.

Je dis que X... a vendu son argent et je le prouve, puisqu'il a reçu en échange des marchandises cotées à 25 0/0 au-dessous de leur valeur en cours commercial.

Eh bien, en quoi est-on fondé à dire qu'achats et ventes de ce genre ne sont pas honnêtes ? Sur rien. Aucune loi judiciaire n'a prise, du moins, je ne le pense pas ; ils ont trafiqué, vendeurs et acheteurs, l'un de sa marchandise, l'autre de son argent. A la rigueur, la morale commerciale, dans sa rigidité, pourrait y trouver à reprendre, mais !... la morale commerciale existe-t-elle ? Qui ?... Quoi ?... la défendre !... Oh là ! je n'aurais garde, elle étoufferait ma faible voix !

Le marchand, quel qu'il soit, ne doit livrer ses marchandises à l'acquéreur que pour la valeur en argent qu'il en reçoit ; c'est élémentaire !

La concurrence oblige à produire et à livrer dans des conditions les plus économiques et les plus avantageuses. C'est-à-dire qu'en produisant bon et bien, elle attirera chez elle le client qu'elle conservera, celui-là ayant trouvé l'article de vente et de consommation qui lui convient, et qui s'accorde le mieux avec sa bourse et ses besoins.

Le marchand et le fabricant qui vendent et livrent consciencieusement n'ont pas besoin de se prêter aux caprices absurdes et souvent ridicules d'une clientèle peu sérieuse ou passagère. La bonne et belle marchandise fait sa réclame et forme elle-même sa clientèle.

Comme il faut des chaussures pour tous les pieds, il en faut aussi pour toutes les bourses!

C'est pourquoi nous trouvons aussi méritante la fabrication et la vente à bas prix que celle à prix moyens ou supérieurs, toutefois que les prix de fabrique et les prix marchands sont en rapport avec la qualité des articles confectionnés et mis en vente.

Exemple :

Vous achetez une douzaine de paires de chaussures *trente-six francs*, vous les vendez aux consommateurs *quatre francs* la paire. Très-bien! le consommateur n'a aucun droit ni raison de se plaindre; il a reçu en marchandises des chaussures pour l'argent qu'il vous a donné.

Supposons qu'un article semblable de genre, mais non de qualité, valût double prix, soit *soixante-douze francs* la douzaine : pour obtenir le même bénéfice, vous vendrez la paire, au détail, *huit francs*. Il se peut que ces derniers soient meilleur marché, quoique achetés double prix ; cela se prouve souvent par l'usage de l'article, mais il se peut aussi que le prix de *huit francs* pour un article semblable, en apparence, à celui de quatre francs, ne puisse s'accorder avec la bourse de l'acheteur, car celle-ci ne consulte pas toujours à propos et à raison les besoins et la consommation de son propriétaire.

Pour ce qui concerne le fabricant ou le marchand, au point de vue du commerce, le prix de la marchandise ne doit, en quoi que ce soit, altérer les bénéfices de la vente. L'article à fabriquer ou à vendre que l'on adopte doit toujours être celui que l'on connaît le mieux, et qui vous présente des placements et des bénéfices faciles et sûrs.

CHAPITRE TROISIÈME

LA CORDONNERIE CLASSIQUE ET LA CORDONNERIE MODERNE. — LES BONS PATRONS — LES BONS OUVRIERS

Qu'entend-on généralement par cordonnerie classique?

L'on veut dire, du moins c'est ainsi que nous le comprenons; l'application et le maintien des méthodes anciennes du travail qui, depuis la création de l'industrie de la chaussure, se sont transmises d'âge en âge, de génération en génération, en acceptant toutefois qu'elles se soient présentées avec persévérance, et amenées jusqu'à nos jours les améliorations successives que la routine et l'habitude ont consacrées.

Plusieurs de nos estimables collègues, laborieux pionniers de l'industrie, ont écrit et essayé à ériger en système les moyens pratiques du travail dans la cordonnerie classique.

Si nous ne sommes pas toujours d'accord avec ces intrépides et intelligents travailleurs, l'élite des ouvriers de notre corporation cela ne nous empêche point de reconnaître leur valeur et leur mérite ; chacun n'a-t-il pas son système ? N'est-on pas obligé d'être de son époque et de connaître son métier ?

Les évènements, les innovations, les besoins nouveaux des nations et des populations qui s'agitent et se meuvent sur la surface du globe du nord au midi, de l'orient à l'occident. Ne sont-ils pas plus forts et plus puissants que nos faibles et pauvres individualités ?

Dans la *Cordonnerie*, aujourd'hui la grande *industrie de la chaussure*, ce n'est pas seulement des réformes, qui, depuis le commencement du siècle, se sont accomplies, c'est une révolution dans le travail.

En effet, à notre époque, la cordonnerie moderne a manifesté énergiquement, surtout dans ces dix dernières années, le besoin de changer ses conditions industrielles, au point qu'une transformation considérable s'est accomplie, c'est ce qui nous autorise à classifier en deux époques et en deux classes l'industrie de la chaussure.

L'ancienne cordonnerie, la cordonnerie classique, est celle professée et démontrée par M. Morand dans son livre : *Vocabulaire de la Chaussure*, ainsi que par M. Robert dans son livre intitulé : *Manuel pratique et raisonné du Cordonnier-Bottier* ou *l'Art de couper et de chausser par règles géométriques.*

Nos estimables devanciers ont développé chacun dans leurs systèmes, qui s'attachent spécialement à la cordonnerie sur commande et sur mesures, les moyens qui, suivant eux, sont obligés pour devenir bons ouvriers et bons chausseurs. Ils sont assurément les professeurs de la cordonnerie classique. A ce sujet, ils sont très-méritants. Le seul reproche que nous nous permettons de leur adresser, c'est d'être exclusifs, trop exclusifs, et de n'admettre l'outillage mécanique, seul moteur du progrès, que par contrainte. Aussi, pour être vrais et sincères, devons-nous déclarer que, même comme système de travail applicable à la cordonnerie classique, nous ne partageons pas leurs moyens professionnels. Leurs descriptions peuvent être exactes, soit ; seulement à la mise en pratique, nous avons lieu de supposer leurs systèmes défectueux et difficiles à l'application.

D'abord, nous faisons remarquer que, d'après leurs dires et leurs instructions, il faudra toute sa vie rester en état d'apprentissage, et encore ne serait-il pas certain que l'on arriverait au degré de perfection nécessaire pour dire que l'on soit un bon ouvrier! un bon chausseur! un artiste enfin!...

Simplifier autant que possible, c'est gagner du temps, n'est-ce pas économiser l'existence? voilà notre *règle*; c'est en tout notre *loi*.

Plusieurs *brochures* inédites (nous passons sous silence le nom de leurs auteurs) nous ont été communiquées. Nous nous rencontrons souvent d'accord avec leurs auteurs; les systèmes qu'ils décrivent et qu'ils présentent sont en principe exactement celui que nous-mêmes nous professons, nous ne différons absolument que sur les moyens exécutifs, qui, sans doute, s'accorderaient par suite d'une discussion, ayant pour sujet l'économie industrielle à pratiquer, à appliquer et à réaliser dans l'atelier.

Que nos estimables et studieux collègues, auteurs des brochures inédites citées ici, ne trouvent pas mal si dans le cours de nos publications et de nos écrits, nous empruntons à leurs idées.

La vérité n'appartient point à l'individu qui l'a dite, elle appartient à tous, car tous sont seuls juges sans appel, si, oui ou non, elle est VÉRITÉ !

Rentrons dans la question économique du sujet qui nous occupe.

Quelle est celle des deux, de la cordonnerie classique ou de la cordonnerie moderne qu'il est préférable d'exploiter ?

Si vous êtes un bon et véritable cordonnier, mais peu commerçant, administrateur pas du tout, adoptez de préférence la *cordonnerie classique*, la cordonnerie sur commande et sur mesure ; adressez vos offres de services à la riche clientèle, il vous sera plus facile d'établir des prix de revient et d'obtenir des bénéfices sur une paire de chaussure vendue de 25 à 40 francs que sur une quantité de paires qu'il faudrait confectionner en fabrique aux prix de 96 à 156 francs la douzaine.

Si vous êtes peu ou point cordonnier, et que vous soyez administrateur, acheteur, négociant, enfin, que vous vous sentiez les moyens et les capacités voulues pour confectionner, soyez *fabricant !* faites des chaussures à la *grosse*; choisissez et adoptez résolument avec persévérance un genre de fabrication avec lequel vous devrez vous familiariser ; choisissez bien votre personnel, ayez un bon matériel et l'exploitation alors sera fructueuse

La cordonnerie moderne, aidée intelligemment de l'outillage mécanique, a pour les fabricants laborieux et actifs qu'il lui plaît de protéger, des bénéfices illimités qui les conduit à la fortune et à l'OPULENCE !

J'ai souvent entendu dire, et j'ai même souvent répété que les bons patrons faisaient les bons ouvriers, ainsi de même que les bons ouvriers faisaient les bons patrons.

Cela est possible, mais ce n'est pas obligé; ce qu'il faudrait, c'est l'obliger, et pour l'obliger, il suffirait que l'intérêt du salaire ne s'opposât point au bénéfice que rapporte la production.

Vouloir obtenir des économies sur la réduction du prix des salaires ne sont pas l'économie réelle : c'est une usurpation qui plus tôt, qui plus tard amène la rupture.

Les patrons, grands ou petits, qui, pour une cause quelconque, ont recours à un moyen semblable sont de mauvais patrons; il est à craindre et à redouter la désertion partielle, sinon en masse, à un moment donné, de leurs ateliers; l'insubordination et le coulage dans le travail, le discrédit des commerçants honnêtes et justes, la haine et les malédictions des familles laborieuses qui ont travaillé à agrandir et à élever leur réputation et leur fortune.

En bonne administration, le chef d'un établissement de quelque importance devrait réunir, chaque année, un nombre limité de ses ouvriers et employés, choisis parmi les plus anciens et les plus jeunes dans l'atelier, pour discuter ensemble et réviser, s'il y a lieu, les tarifs et règlements, les heures et les conditions du travail, en s'appuyant toujours pour cela sur les améliorations ou aggravations qui se seraient manifestées récemment dans l'industrie ou dans l'atelier.

Agir ainsi, ne serait-ce pas le moyen le plus sûr d'éviter les grèves, sujet de bien des déceptions, provoquées le plus souvent par quelques individualités hargneuses, audacieuses et mal intentionnées que la majorité accepte par inconséquence, et que la majorité subit par crainte.

Il ne suffit pas, pour être digne du titre de bon patron, de payer justement et régulièrement les salaires rémunérateurs des ouvriers que l'on emploie, il faut encore s'occuper avec soin de leur conserver leurs forces physiques et la santé, en tenant rigoureusement les ateliers où ils travaillent dans de bonnes conditions hygiéniques, et aussi en ne négligeant aucun moyen susceptible d'alléger les peines du travail par l'acquisition et le service d'un bon outillage.

Nous avons indiqué aux patrons ce qu'ils devaient faire, disons maintenant aux ouvriers la conduite qu'ils doivent tenir pour soutenir et mériter le titre de bon ouvrier.

Si dans un atelier, chez un patron, un motif, un sujet quelconque se produisait, qui toucherait les intérêts particuliers ou généraux du travail.

Il faudrait alors que les plus anciens et les plus jeunes dans l'atelier présentent d'abord au contre-maître les réclamations qu'ils ont à faire, et qu'ils poursuivent toujours avec modération, mais résolument, justement et à propos, les motifs et sujets de leurs plaintes, et avant que d'en arriver à provoquer la désertion d'un atelier, ils devront employer tous les moyens conciliants, amiables et pacifiques (il y en a beaucoup). Il ne faut point admettre qu'une chose raisonnable, justement demandée avec autant de persévérance que de modération, n'obtienne pas satisfaction ; s'il en était autrement, les moyens extrêmes ne seraient pas seulement un *droit*, ils seraient un DEVOIR, et la corporation tout entière devrait alors intervenir et se poser en arbitre suprême.

FIN

ERRATA

Page 5, ligne 15, lire : Proudhonniste, au lieu de lieu de Prudonniste.

Page 57, ligne 22, lire : aujourd'hui le journal *La Cordonnerie*, au lieu de *Moniteur des fabriques*.

Page 117, ligne 17, lire : *dans un ouvrage qui suivra*, au lieu de et la fin du volume.

Page 132, ligne 25, lire : que la minorité subit, au lieu de majorité.

Paris. — Typ. N. Blanpain, rue Jeanne, 7.